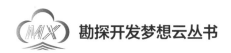
勘探开发梦想云丛书

U0344555

塔里木智能油气田

李亚林　张　强◎等编著

石油工业出版社

内 容 摘 要

本书为《勘探开发梦想云丛书》之一。以塔里木油田建成世界一流现代化大油气田的业务发展战略为背景，从业务架构导出 IT 架构，从中国石油勘探开发梦想云到塔里木油田区域云，系统阐述了塔里木智能油田标志性产品——"坦途"的技术架构、建设历程、建设成果和典型场景的应用效果，展望了塔里木智能油田未来发展方向。

本书可供从事数字化转型智能化发展建设工作的管理人员、科研人员及大专院校相关专业师生参考阅读。

图书在版编目（CIP）数据

塔里木智能油气田 / 李亚林，张强等编著 . —北京：
石油工业出版社，2021.8
　　（勘探开发梦想云丛书）
　　ISBN 978-7-5183-4695-0

Ⅰ . ① 塔… Ⅱ . ① 李… ② 张… Ⅲ . ① 智能技术 – 应用 – 油田开发 – 研究 Ⅳ . ① TE34

中国版本图书馆 CIP 数据核字（2021）第 138436 号

出版发行：石油工业出版社
　　（北京安定门外安华里 2 区 1 号　100011）
　　网　　址：www.petropub.com
　　编辑部：（010）64523541　图书营销中心：（010）64523633
经　销：全国新华书店
印　刷：北京中石油彩色印刷有限责任公司

2021 年 8 月第 1 版　2021 年 8 月第 1 次印刷
710×1000 毫米　开本：1/16　印张：15.5
字数：250 千字

定价：150.00 元

《勘探开发梦想云丛书》

—— 编 委 会 ——

《塔里木智能油气田》
—— 编 写 组 ——

组　长：李亚林

副组长：张　强　朱卫红　杨金华

成　员：杜永红　杨　松　董　斌　熊　伟

　　　　余忠凯　李家金　陈　鑫　李晓林

　　　　陈　锐　方海棠　袁　骁　徐传义

　　　　赵　胜　黄文俊　王志伟　董　杰

　　　　朱耀军　邹卓峰

序 一

过去十年，是以移动互联网为代表的新经济快速发展的黄金期。随着数字化与工业产业的快速融合，数字经济发展重心正在从消费互联网向产业互联网转移。2020年4月，国家发改委、中央网信办联合发文，明确提出构建产业互联网平台，推动企业"上云用数赋智"行动。云平台作为关键的基础设施，是数字技术融合创新、产业数字化赋能的基础底台。

加快发展油气工业互联网，不仅是践行习近平总书记"网络强国""产业数字化"方略的重要实践，也是顺应能源产业发展的大势所趋，是抢占能源产业未来制高点的战略选择，更是落实国家关于加大油气勘探开发力度、保障国家能源安全的战略要求。勘探开发梦想云，作为油气行业的综合性工业互联网平台，在这个数字新时代的背景下，依靠石油信息人的辛勤努力和中国石油信息化建设经年累月的积淀，厚积薄发，顺时而生，终于成就了这一博大精深的云端梦想。

梦想云抢占新一轮科技革命和产业变革制高点，构建覆盖勘探、开发、生产和综合研究的数据采集、石油上游PaaS平台和应用服务三大体系，打造油气上游业务全要素全连接的枢纽、资源配置中心，以及生产智能操控的"石油大脑"。该平台是油气行业数字化转型智能化发展的成功实践，更是中国石油实现弯道超车打造世界一流企业的必经之路。

梦想云由设备设施层、边缘层、基础设施、数据湖、通用底台、服务中台、应用前台、统一入口等8层架构组成。边缘层通过物联网建设，打通云边端数据通道，重构油气业务数据采集和应用体系，使实时智能操作和决策成为可能。数据湖落地建成为由主湖和区域湖构成、具有油气特色的连环数据湖，逐步形成开放数据生态，推动上游业务数据资源向数据资产转变。通用底台提供云原生开发、云化集成、智能创新、多云互联、生态运营等12大平台功能，纳管人工智能、大数据、区块链等技术，成为石油上游工业操作系统，使软件开发不再从零开始，设计、开发、运维、运营都在底台上实现，构建业务应用更快捷、高效，业务创新更容易，成为中国石油自主可控、功能完备的智能云平台。服务中台涵盖业务中台、数据中台和专业工具，丰富了专业微服务和共享组件，具备沉淀上游业务知识、模型和算法等共享服务能力，创新油气业务"积木式"应用新模式，极大促进降本增效。

梦想云不断推进新技术与油气业务深度融合，上游业务"一云一湖一平台一入口""油气勘探、开发生产、协同研究、生产运行、工程技术、经营决策、安全环保、油气销售"四梁八柱新体系逐渐成形，工业APP数量快速增长，已成为油气行业自主安全、稳定开放、功能齐全、应用高效、综合智能的工业互联网平台，标志着中国石油油气工业互联网技术体系初步形成，梦想云推动产业生态逐渐成熟、应用场景日趋丰富。

油气行业正身处在一扇崭新的风云际会的时代大门前。放眼全球，领先企业的工业互联网平台正处于规模化扩张的关键期，而中国工业互联网仍处于起步阶段，跨行业、跨领域的综合性平台亟待形成，面向特定行业、特定领域的企业级平台尚待成熟，此时，稳定实用的梦想云已经成为数字化转型的领跑者。着眼未来，我国亟须加强统筹协调，充分发挥政府、企业、研究机构等各方合力，把握战略窗口期，积极推广企业级示范平台建设，抢占基于工业互联网平台的发展主动权和话语权，打造新型工业体系，加快形成培育经济增长新动能，实现高质量发展。

《勘探开发梦想云丛书》简要介绍了中国石油在数字化转型智能化发展中遇到的问题、挑战、思考及战略对策，系统总结了梦想云建设成果、建设经验、关键技术，多场景展示了梦想云应用成果成效，多维度展望了智能油气田建设的前景。相信这套书的面世，对油气行业数字化转型，对推进中国能源生产消费革命、推动能源技术创新、深化能源体制机制改革、实现产业转型升级都具有重大作用，对能源行业、制造行业、流程行业具有重要借鉴和指导意义。适时编辑出版本套丛书以飨读者，便于业内的有识之士了解与共享交流，一定可以为更多从业者统一认识、坚定信心、创新科技作出积极贡献。

中国科学院院士 雷承造

序 二

当今世界，正处在政治、经济、科技和产业重塑的时代，第六次科技革命、第四次工业革命与第三次能源转型叠加而至，以云计算、大数据、人工智能、物联网等为载体的技术和产业，正在推动社会向数字化、智能化方向发展。数字技术深刻影响并改造着能源世界，而勘探开发梦想云的诞生恰逢其时，它是中国石油数字化转型智能化发展中的重大事件，是实现向智慧油气跨越的重要里程碑。

短短五年，梦想云就在中国石油上游业务的实践中获得了成功，广泛应用于油气勘探、开发生产、协同研究等八大领域，构建了国内最大的勘探开发数据连环湖。业务覆盖 50 多万口油气水井、700 个油气藏、8000 个地震工区、40000 座站库，共计 5.0PB 数据资产，涵盖 6 大领域、15 个专业的结构化、非结构化数据，实现了上游业务核心数据全面入湖共享。打造了具有自主知识产权的油气行业智能云平台和认知计算引擎，提供敏捷开发、快速集成、多云互联、智能创新等 12 大服务能力，构建井筒中心等一批中台共享能力。在塔里木油田、中国石油集团东方地球物理勘探有限责任公司、中国石油勘探开发研究院等多家单位得到实践应用。梦想云加速了油气生产物联网的云应用，推动自动化生产和上游企业的提质增效；构建了工程作业智能决策中心，支持地震物探作业和钻井远程指挥；全面优化勘探开发业务的管理流程，加速从线下到线上、从单井到协同、从手工到智能的工作模式转变；推进机器人巡检智能工作流程等创新应用落地，使数字赋能成为推动企业高质量发展的新动能。

《勘探开发梦想云丛书》是首套反映国内能源行业数字化转型的系列丛书。该书内容丰富，语言朴实，具有较强的实用性和可读性。该书包括数字化转型的概念内涵、重要意义、关键技术、主要内容、实施步骤、国内外最佳案例、上游应用成效等几个部分，全面展示了中国石油十余年数字化转型的重要成果，勾画了梦想云将为多个行业强势赋能的愿景。

没有梦想就没有希望，没有创新就没有未来。我们正处于瞬息万变的时代——理念快变、思维快变、技术快变、模式快变，无不在催促着我们在这个伟大的时代加快前行的步伐。值此百年一遇的能源转型的关键时刻，迫切需要我们运用、创造和传播新的知识，展开新的翅膀，飞临梦想云，屹立云之端，体验思维无界、创新无限、力量无穷，在中国能源版图上写下壮美的篇章。

中国科学院院士　郭旭升

丛书前言

党中央、国务院高度重视数字经济发展，做出了一系列重大决策部署。习近平总书记强调，数字经济是全球未来的发展方向，要大力发展数字经济，加快推进数字产业化、产业数字化，利用互联网新技术新应用对传统产业进行全方位、全角度、全链条的改造，推动数字经济和实体经济深度融合。

当前，世界正处于百年未有之大变局，新一轮科技革命和产业变革加速演进。以云计算、物联网、移动通信、大数据、人工智能等为代表的新一代信息技术快速演进、群体突破、交叉融合，信息基础设施加快向云网融合、高速泛在、天地一体、智能敏捷、绿色低碳、安全可控的智能化综合基础设施发展，正在深刻改变全球技术产业体系、经济发展方式和国际产业分工格局，重构业务模式、变革管理模式、创新商业模式。数字化转型正在成为传统产业转型升级和高质量发展的重要驱动力，成为关乎企业生存和长远发展的"必修课"。

中国石油坚持把推进数字化转型作为贯彻落实习近平总书记重要讲话和重要指示批示精神的实际行动，作为推进公司治理体系和治理能力现代化的战略举措，积极抓好顶层设计，大力加强信息化建设，不断深化新一代信息技术与油气业务融合应用，加快"数字中国石油"建设步伐，为公司高质量发展提供有力支撑。经过20年集中统一建设，中国石油已经实现了信息化从分散向集中、从集中向集成的两次阶段性跨越，为推动数字化转型奠定了坚实基础。特别是在上游业务领域，积极适应新时代发展需求，加大转型战略部署，围绕全面建成智能油气田目标，制定实施了"三步走"战略，取得了一系列新进步新成效。由中国石油数字和信息化管理部、勘探与生产分公司组织，昆仑数智科技有限责任公司为主打造的"勘探开发梦想云"就是其中的典型代表。

勘探开发梦想云充分借鉴了国内外最佳实践，以统一云平台、统一数据湖及一系列通用业务应用（"两统一、一通用"）为核心，立足自主研发，坚持开放合作，整合物联网、云计算、人工智能、大数据、区块链等技术，历时五年持续攻关与技术迭代，逐步建成拥有完全自主知识产权的自主可控、功能完备的智能工业互联网平台。2018年，勘探开发梦想云1.0发布，"两统一、一通用"蓝图框架基本落地；2019年，勘探开发梦想云2.0发布，六大业务应用规模上云；2020年，勘探开发梦想云2020发布，梦想云与油气业务深度融合，全面进入"厚平台、薄应用、模块化、迭代式"的新时代。

　　勘探开发梦想云改变了传统的信息系统建设模式，涵盖了设备设施层、边缘层、基础设施、数据湖、通用底台、服务中台、应用前台、统一入口等8层架构，拥有10余项专利技术，提供云原生开发、云化集成、边缘计算、智能创新、多云互联、生态运营等12大平台功能，建成了国内最大的勘探开发数据湖，支撑业务应用向"平台化、模块化、迭代式"工业APP模式转型，实现了中国石油上游业务数据互联、技术互通、研究协同，为落实国家关于加大油气勘探开发力度战略部署、保障国家能源安全和建设世界一流综合性国际能源公司提供了数字化支撑。目前，中国石油相关油气田和企业正在以勘探开发梦想云应用为基础，加快推进数字化转型智能化发展。可以预见在不远的将来，一个更加智能的油气勘探开发体系将全面形成。

　　为系统总结中国石油上游业务数字化、智能化建设经验、实践成果，推动实现更高质量的数字化转型智能化发展，本着从概念设计到理论研究、到平台体系、到应用实践的原则，中国石油2020年9月开始组织编撰《勘探开发梦想云丛书》。该丛书分为前瞻篇、基础篇、实践篇三大篇章，共十部图书，较为全面地总结了"十三五"期间中国石油勘探开发各单位信息化、数字化建设的经验成果和优秀案例。其中，前瞻篇由《数字化转型智能化发展》一部图书组成，主要解读数字化转型的概念、内涵、意义和挑战等，诠释国家、行业及企业数字化转型的主要任务、核心技术和发展趋势，对标分析国内外企业的整体水平和最佳实践，提出数字化转型智能化发展愿景；基础篇由《梦想云平台》《油气生产物联网》《油气人工智能》三部图书组成，主要介绍中国石油勘探开发梦想云平台的技术体系、建设成果与应用成效，以及"两统一、一通用"的上游信息化发展总体蓝图，并详细阐述了物联网、人工智能等数字技术在勘探开发领域的创新应用成果；实践篇由《塔里木智能油气田》《长庆智能油气田》《西南智能油气田》《大港智能油气田》《海外智能油气田》《东方智能物探》六部图书组成，分别介绍了相关企业信息化建设概况，以及基于勘探开发梦想云平台的数字化建设蓝图、实施方案和应用成效，提出了未来智能油气的前景展望。

该丛书编撰历经近一年时间，经过多次集中研究和分组讨论，圆满完成了准备、编制、审稿、富媒体制作等工作。该丛书出版形式新颖，内容丰富，可读性强，涵盖了宏观层面、实践层面、行业先进性层面、科普层面等不同层面的内容。该丛书利用富媒体技术，将数字化转型理论内容、技术原理以知识窗、二维码等形式展现，结合新兴数字技术在国际先进企业和国内油气田的应用实践，使数字化转型概念更加具象化、场景化，便于读者更好地理解和掌握。

该丛书既可作为高校相关专业的教科书，也可作为实践操作手册，用于指导开展数字化转型顶层设计和实践参与，满足不同级别、不同类型的读者需要。相信随着数字化转型在全国各类企业的全面推进，该丛书将以编撰的整体性、内容的丰富性、可操作的实战性和深刻的启发性而得到更加广泛的认可，成为专业人员和广大读者的案头必备，在推动企业数字化转型智能化发展、助力国家数字经济发展中发挥积极作用。

中国石油天然气集团有限公司副总经理　焦方正

FOREWORD ● ● ●

前　言

　　塔里木油田所在的塔里木盆地位于中国新疆南部，是我国陆上最大的含油气盆地，是当前及今后一个时期增储上产潜力巨大的盆地，盆地中心的塔克拉玛干沙漠，是中国最大的沙漠，也是世界第二大流动沙漠。自1989年4月10日，塔里木油田成为我国陆上第三大油气田以来，至2020年底年油气产量当量超过3000万吨，已累计向"西气东输"工程输送天然气超过3300亿立方米，承担着保障国家能源安全的光荣使命。

　　然而，塔里木盆地油气勘探开发面临着自然环境恶劣、地上地下地质条件复杂、社会依托条件差、点多面广战线长、安全生产管控风险高、生产生活保障难等诸多挑战和困难，这就要求塔里木油田油气勘探与生产必须实现现场少人、智能管控、远程支持、协同工作、音视互通、数字孪生，必须加快数字化智能化油田建设，推动数字化转型智能化发展。

　　自2001年起，塔里木油田就开展了数字油田研究和建设，信息化对油田的生产、科研和管理起到了积极支撑作用。但是，由于客观上受到技术条件限制，信息系统采用"竖井式"建设，存在数据库多、应用系统多、孤立应用多的现象，导致数据共享难、业务协同难、应用开发难等问题，已经不能满足现代化大油气田数字化转型高质量发展的需要。

　　2018年至2020年，塔里木油田打破传统信息化建设模式，系统化、规模化应用物联网、云计算、大数据、人工智能、移动应用等数字化新技术，开启了新一代智能油田建设。期间，中国石油发布的勘探开发梦想云打造了能源行业的工业互联网平台，为石油天然气勘探开发业务上云、用数、赋能提供了统一技术平台，为油气生产企业数字化转型智能化发展提供了强大推动力。塔里木油田基于梦想云先进的技术架构，到2020年底基本建成了塔里木智能网络协同工作平台（Tarim AI Net Teamwork Unity—TANTU）——"坦途"，实现了梦想云在中国石油油气田企业的率先落地。

"坦途"包括协同工作门户、区域云平台、区域数据湖、信息公路网、数字化生态保障体系等丰富内涵。协同工作门户实现了岗位定制、任务驱动、按需推送,让智能工作成为常态;区域云平台融合基础底台、服务中台、应用前台,让协同应用成为现实;区域数据湖让数据变资产,让数据孤岛成为历史;信息公路网让软硬件、信息与应用全连接成真;数字化生态保障体系让塔里木油田数字化新生态落地生根、化茧成蝶。

　　"坦途"建设引进梦想云建设团队昆仑数智科技有限责任公司作为主承包商,保障了思想认识统一、技术架构统一、工作方法统一,大幅缩短建设周期,成功践行了梦想云的连环湖、区域云的分布式部署理念,总结提炼了可借鉴的建设规范。"坦途"区域湖进一步丰富了梦想云连环湖技术架构,扩展了梦想云 2.0 数据模型,形成了总部两级数据治理体系中油气田企业级"六全"数据生态建立的标准规范、理论方法、质控规则和管理工具,为梦想云连环湖生态的全面推广积累了实践经验。"坦途"云平台采用本地化区域集群搭建,创新践行了"逻辑统一、就近访问"的一朵云理念;对梦想云用户中心、流程中心、文档中心、在线编辑等中台进行功能补缺、增强和定制化,自主建设消息中心、应用日志中心、电子签章、通用 UI、井史历程可视化等一系列共享组件,反哺梦想云服务中台,践行了共建共享中台服务能力的构想。"坦途"标准规范体系覆盖智能油田设计、建设与运维的 8 个方面 31 个类别,在实践中总结形成了源头数据标准化采集、数据湖模型建设与数据治理、数据中台与业务中台建设、平台化及微服务组件敏捷迭代开发与测试、网络安全及云环境下各类应用的运维方式等方面的标准规范,可以作为其他油田进行智能油田建设的参考指南。

　　本书为《勘探开发梦想云丛书》之一,共分为四章:第一章以业务发展战略为导向,剖析了油田勘探开发主营业务发展存在的痛点,提出了数字化转型应对策略,分析了信息化现状和差距,总结了数字化需求,谋划了塔里木智能油田的建设蓝图,指明了实施路线和建设方法。第二章以"坦途"技术架构为主线,自底向上逐层系统介绍了边缘层、信息公路网、计算存储资源、区域数据湖、区域云平台、协同工作门户等六大主体部分的建设过程与成果,描述了标准规范、网络安全和统一运维等三大数字化生态保障体系。第三章以"六全"区域数据湖共享生态为核心,以智能报表一键生成、

"三共四协"研究模式构建、油气生产现场标准化管控和钻完井远程管控支持等典型应用场景为重点，介绍了"坦途"促进科研、生产和管理等方面实现数字化转型的应用效果。第四章以数字孪生为愿景，以实现油田科研、生产、经营全业务链的数字化转型智能化发展为目标，以持续夯实"坦途"区域数据湖基础、增强"坦途"服务中台智能化服务能力为重点，展望了"坦途"未来五到十年的建设方向和典型应用场景。

在"坦途"的研发与建设过程中，产生过困惑、走到过误区，经历了认识—实践—再认识的螺旋渐进过程，最终取得了数字化转型的阶段性成果，也积累了一些经验和体会，最终编写本书与读者分享。对于信息化工作管理者，本书为您提供智能化油田顶层设计与建设方法论；对于智能化油田建设者，本书为您提供技术架构和解决方案；对于智能油田应用者，本书为您提供典型应用场景以及未来智能化应用方向。

本书由中国石油塔里木油田公司副总经理李亚林、信息化首席专家张强任主编，中国石油勘探与生产板块原科技信息主管领导杜金虎教授多次给予指导和审稿。昆仑数智科技有限责任公司副总经理杨勇及信息化专家马涛、王铁成对本书编写提出了宝贵意见和建议，在此一并表示衷心感谢。

由于作者水平有限，书中难免有疏漏或错误之处，敬请广大读者批评指正。

第一章　智能油田建设蓝图

　　塔里木盆地是中国陆上最大的含油气沉积盆地，2015 年油气资源评价结果表明，盆地资源量 178 亿吨，其中油 75 亿吨、气 13 万亿立方米，被地质学家称为 21 世纪中国石油战略接替地区。然而，盆地自然环境恶劣，地上地下地质条件复杂程度世界少有，油气勘探开发难度极大，一代代石油人"五下六上"，艰辛探索，寻找大油气田，几度兴奋、几度困惑。1989 年 4 月 10 日，塔里木石油勘探开发指挥部成立，拉开了一场新型大规模石油会战的序幕，奏响了中国石油工业"稳定东部、发展西部"的序曲。经过 30 多年的发展，塔里木油田已经发展成为中国石油旗下一家上下游一体化的大型石油公司，年产量超过 3000 万吨，正在向年产量突破 4000 万吨迈进。

　　塔里木油田的发展史，既是一部自强不息、艰苦奋斗、奋勇拼搏的创业史，也是一部大胆尝试、开拓进取、锐意改革的创新史；既是盆地石油地质理论创新史、工程技术进步史，也是信息技术应用史。自成立以来，塔里木油田十分重视信息化建设，先后经历了单机应用、分散建设、集中建设、集成应用四个阶段，从"十三五"开始，信息化建设以强力支撑增储上产、提质增效、管控风险、造福员工、建设世界一流现代化大油气田为目标，开启了新一代智能油田建设征程。

塔里木油田按照既定建设目标、实施路线和建设方法逐层落地智能油田建设蓝图,打造了塔里木智能网络协同工作平台——"坦途",形成了"坦途"区域数据湖、"坦途"区域云平台、"坦途"协同工作门户、"坦途"数字化生态保障体系等一系列产品,并成功注册"塔油坦途"商标,让勘探开发梦想云的种子率先在塔里木油田落地、生根、开花、结果。

第三章　智能油田应用成效

　　塔油"坦途"的诞生标志着塔里木智能油田实现了从"0"到"1"的突破，为油田数字化转型智能化发展带来了前所未有的新动力。塔油"坦途"实现了油田生产现场及业务过程数据的全面感知，实现了生产实时数据的自动化采集入库，推动了基层工作和现场作业的标准化管控和日常生产动态数据的标准化采集，提供了智能视频分析、前后方视讯交互会商等生产现场的边缘计算应用能力。塔油"坦途"链接所有生产现场和油田基地，让生产现场的实时数据和日常动态数据从现场动态库经过数据治理进入区域数据湖，供各业务场景的高速共享，让油田各类业务管理和生产指挥随时随地了解现场情况、洞悉生产动态、高效协同工作和精准指挥决策。塔油"坦途"协同工作门户提供"我的应用我做主"的个性化定制能力，个人工作间总揽业务应用、掌控工作任务、洞悉生产动态、共享成果资料，业务应用中产生的成果数据又高效入湖共享，形成闭环的数字化生态，促进了油田数据共享生态、业务智能报表、地质与工程协同研究、油气生产智能管控和钻完井远程技术支持等多方面数字化转型。

第四章 智能油田未来展望

展望未来，塔里木油田将建成世界一流现代化大油气田。大是量的指标，现代化是质的要求，数字化转型智能化发展是企业走向现代化的核心内容。"坦途"的诞生和初长成，标志着塔里木油田数字化转型智能化发展迈出了坚实的一步。然而，数字化转型智能化发展是长期复杂系统工程，必然不会一蹴而就，这就意味着"坦途"将面临更大的挑战和更新更高更强要求，"坦途"的功能还需完善和提升。面向未来，塔里木智能油田建设将继续按照既定的"三步走"战略，一张蓝图绘到底，让"坦途"茁壮成长，变得更加强大、更加壮实，实现从"1"到"N"的腾飞，成为塔里木油田增储上产、提质增效、管控风险、造福员工的核心力量，持续赋能塔里木油田数字化转型智能化发展。

第一章
智能油田建设蓝图

　　塔里木盆地是中国陆上最大的含油气沉积盆地，2015 年油气资源评价结果表明，盆地资源量 178 亿吨，其中油 75 亿吨、气 13 万亿立方米，被地质学家称为 21 世纪中国石油战略接替地区。然而，盆地自然环境恶劣，地上地下地质条件复杂程度世界少有，油气勘探开发难度极大，一代代石油人"五下六上"，艰辛探索，寻找大油气田，几度兴奋、几度困惑。1989 年 4 月 10 日，塔里木石油勘探开发指挥部成立，拉开了一场新型大规模石油会战的序幕，奏响了中国石油工业"稳定东部、发展西部"的序曲。经过 30 多年的发展，塔里木油田已经发展成为中国石油旗下一家上下游一体化的大型石油公司，年产量超过 3000 万吨，正在向年产量突破 4000 万吨迈进。

　　塔里木油田的发展史，既是一部自强不息、艰苦奋斗、奋勇拼搏的创业史，也是一部大胆尝试、开拓进取、锐意改革的创新史；既是盆地石油地质理论创新史、工程技术进步史，也是信息技术应用史。自成立以来，塔里木油田十分重视信息化建设，先后经历了单机应用、分散建设、集中建设、集成应用四个阶段，从"十三五"开始，信息化建设以强力支撑增储上产、提质增效、管控风险、造福员工、建设世界一流现代化大油气田为目标，开启了新一代智能油田建设征程。

五下六上：从 1950 年至 1980 年，在塔里木盆地的石油勘探工作经历了五次上马、五次撤出的过程。1989 年，塔里木石油勘探开发指挥部成立，第六次大上塔里木，开展了石油勘探会战。

第一节　业务发展需求

塔里木油田主要业务包括勘探开发、油气销售、炼油化工、科技研发等，合同化员工约 1 万人，2020 年油气生产能力达到 3071 万吨，是我国陆上第三大油气田，也是新疆地区最大的油气生产企业、中国石油最具盈利能力的地区公司之一。油田总部设在新疆巴音郭楞蒙古自治州库尔勒市，在新疆喀什地区泽普县设有基地，油气勘探与生产作业区域遍及南疆五地州。

一　业务发展战略

习近平总书记指出，要大力提升勘探开发力度，保障国家能源安全。新疆维吾尔自治区加快推进丝绸之路经济带核心区建设，大力发展石油石化特色产业，着力打造我国大型油气生产加工和储备基地。中国石油要求塔里木油田做新疆 5000 万吨上产工程主力军和排头兵。

面临新的发展机遇，塔里木油田作出了"决胜 3000 万、突破 4000 万、瞄准5000 万"的战略目标，即 2020 年如期建成 3000 万吨大油气田，"十四五"期间油气产量达到 4000 万吨，在 2035 年之前油气产量达到 5000 万吨以上，建成世界一流现代化大油气田。

为实现以上战略目标，塔里木油田将持续加快超深层油气资源勘探开发。勘探方面要持续深入实施"3+2"战略部署，即集中力量加强库车新区、塔西南山前、台盆区深层三大新领域风险勘探，优质高效建好库车、博孜—大北天然气根据地、塔北—塔中原油根据地。开发方面要加快新区上产，稳住老区产量，强化系统联动，齐心协力完成产量指标。创新驱动方面要做好基础研究、技术攻关、科技管理。深化改革方面要坚持稳准实施、重点突破，持续深化企业改革，大力加强精细化管理，全面推进管理提升。安全环保方面要增强红线意识和底线思维，实现安全绿色发展。和谐稳定方面要认真践行"一切为了老百姓"的理念，抓实抓好维护稳定、油地共建、民生改善，打造平安和谐、美丽宜居的石油矿区。

二　核心业务流程

塔里木油田包括油气勘探、油气藏评价、油气开发、油气生产、储运销售、炼化生产等核心业务域（图 1-1-1）。

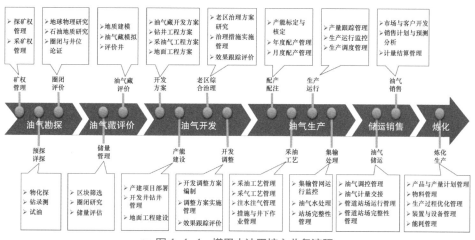

● 图 1-1-1　塔里木油田核心业务流程

油气勘探业务域包括矿权管理、预探详探、圈闭评价等。矿权管理分为探矿权和采矿权管理。预探详探分为物探、化探、钻井、录井、测井、试油等工程作业。圈闭评价分为地球物理处理解释、综合地质研究、圈闭与井位论证等。

油气藏评价业务域包括储量管理、油气藏评价等。储量管理又包括区块筛选、圈闭研究、储量评估等。油气藏评价又包括油气藏地质建模、油气藏模拟和单井评价等。

油气开发业务域包括开发方案、产能建设、老区综合治理、开发调整等。开发方案编制又分为油气藏开发方案、钻井工程方案、采油气工程方案和地面工程方案等编制。产能建设又包括产能建设项目部署、开发井钻井管理、地面工程建设等。老区综合治理包括老区治理方案研究、治理措施实施管理、效果跟踪评价等。开发调整又包括编制调整方案、调整方案实施管理、调整效果评价等。

油气生产业务域包括配产配注、采油工艺、生产运行、集输处理等。配产配注又包括产能标定与核定、配产管理等。工艺管理包括采油工艺管理、采气工艺管理、注水注气管理、井下作业管理等。生产运行包括产量跟踪管理、生产运行监控、生产调度管理等。集输处理包括集输管网运行监控、油气水处理、站场完整性管理等。

储运销售业务域包括油气储运、油气销售等。油气储运又包括油气调控管理、油气计量交接、管道与站场运行监控、管道与站场完整性管理等。油气销售又包括市场与客户管理、销售计划管理、计量结算管理等。

炼化业务域主要包括尿素、乙烯等炼化生产管理。主要有产品与产量计划管理、物料管理、生产过程监控与优化管理、装置与设备管理、能耗管理等。

三　业务管控模式

塔里木油田自成立以来，实行"采用新体制和新技术、实现高水平和高效益"的"两新两高"工作方针，历经四个阶段的改革与发展，建立了全新的油公司管理体制。

1985 年至 1988 年为探索形成阶段。1985 年石油工业部提出要采取"海洋"模式开展塔里木石油会战。按照这一理念，逐渐形成了依托社会和行业、少人高效的塔里木新型石油会战雏形。

1989 年至 1998 年为实施完善阶段。塔里木石油勘探开发指挥部自成立以来，甲乙方实行党工委统一领导，坚持"两新两高"工作方针，探索"油公司"模式。

建立"新型甲乙方"关系，强化甲方在管理、科研、监督三方面的能力建设，开始实施专业化、社会化服务，规范甲乙方行为，在合同上分、思想上合，在职责上分、工作上合，努力推动塔里木向大油气田行列迈进。

1999 年 至 2015 年 为 发 展 调 整 阶 段。1999 年 7 月 18 日，塔里木石油勘探开发指挥部将勘探开发主营业务重组成立塔里木油田公司，新疆石油管理局塔西南勘探开发公司并入托管。2004 年 8 月 19 日，塔里木石化分公司并入，由塔里木油田统筹管理中国石油在南疆的勘探开发和炼化业务，实现中国石油在塔里木盆地主力队伍的"四塔合一"，形成上下游一体化产业结构。

1989 年 4 月，时任中国石油天然气总公司总经理王涛在塔里木石油勘探开发指挥部成立大会上宣布：塔里木石油勘探开发"要建立新的油公司管理体制，不搞'大而全、小而全'，要广泛采用新工艺、新技术，力求打出高水平、高效益"（简称"两高两新"）。

2016 年至今为持续创新阶段。进入新时期，塔里木油田持续创新完善"油公司"管理模式，坚持"两新两高"工作方针和党工委统一领导体制，围绕建设 3000 万吨现代化大油气田目标，优化业务结构，完善管控模式，深入推进市场化，全力打造敢担当、勇创新、负责任、可信赖的塔里木。计划管理以项目为基础；财务管理实行资金切块使用，以合同为依据，进行项目核算；生产管理以项目运行为中心；科技管理采取稳定骨干，广泛招聘，专项外委的办法；物资管理统一计划和供应；资产管理采取谁投资、谁使用、谁管理的办法；辅助生产服务实行专业化、社会化管理；人事劳资管理实行固定制、借聘制、劳动合同制和统一工资政策；职工思想政治工作实行党工委统一领导；生活基地统一规划、建设和管理；其他依托地方，广泛合作、互利互惠、共同发展。持续深化企业改革，优化机关职能，优化组织机构，优化生产单元，前线人员比例由 60% 上升到 76%，管理层级由 4 级压减为 3 级，实现了分块管理向业务管理转变、会战体制向生产体制转变、多元化向"归核化"转变，增强了发展动力与活力。

四 业务痛点与应对策略

1. 业务痛点

塔里木油田要建成世界一流现代化大油气田，依然面临诸多困难。

一是自然环境恶劣。勘探开发区域为山地、戈壁、沙漠。夏季酷热，气温最高达 45℃，沙漠地表最高温度 70～80℃，昼夜温差达 40℃；冬季严寒，最低气温达零下 30℃；长年多风沙和浮尘天气，风速 5 米 / 秒即起沙尘，春季狂沙肆虐（风速超过 17 米 / 秒）。图 1-1-2 为沙漠与沙尘暴。

● 图 1-1-2　采油工人在沙尘暴天气巡井

二是地面地理条件复杂。有鸟都飞不过去的秋里塔格高大山体，也有望掉帽子都高不见顶的深大断崖，有莽莽戈壁怪石林立巨厚的砾石区，有犹如在刀尖上行走的直立刀片山体（图 1-1-3），还有流动沙丘占 80% 的塔克拉玛干沙漠。

三是地下地质条件复杂。既有盐上高陡构造，又有盐下逆掩推覆叠置，既有盐层塑性复杂变形，又有断裂缝洞型圈闭。

四是工程技术难度大。深井、超深井多，油气藏埋深超过 5000 米，最深 8260 米；油气藏温度高，大多超过 110℃，最高 190℃；油气层压力大，大多超过 55 兆帕，最高 143 兆帕；油气含硫量高，硫化氢含量超过 7000 微克 / 克，最高 45 万微克 / 克；这些特点导致发生工程事故概率大，人员设备设施面临的安全环保风险高。

| (a) 高大山体 | (b) 直立刀片山体 |

● 图 1-1-3　高大山体与直立刀片山

五是社会依托条件差。既有中国最西的阿克莫木气田，又有塔克拉玛干沙漠腹地的塔中油田，少数民族人口占比达到 90%。2020 年前新疆 10 个国家级贫困县全部在南疆，交通不发达，无人区、无外卖、无网络，勘探开发保障可依托的社会资源差。

六是点多面广战线长。31 个油气田、3700 多口油气水井、6000 多千米的油气管线，分布在 15.6 万平方千米区域范围，南北相距 520 千米，东南相隔 1400 千米。

七是多种矛盾交叉存在。高效勘探与目标落实难、效益建产与资源劣质化、有效稳产与成本硬下降存在矛盾。

八是稳产增产难题多。油气生产面临老区控制递减、持续稳产，新区快速建产、快速上产的难题。

九是承包商监管体系不健全。承包商在队伍管理、技术、人员素质方面参差不齐，监管制度和体系不健全、责任不落实，存在较大安全隐患。

2. 应对策略

塔里木油田要实现宏伟的发展目标，要克服上述困难，就必须实现油气勘探生产现场少人、智能管控、远程支持、协同工作、音视讯沟通、数字孪生，就必须加快数字化智能化油田建设，推动数字化转型智能化发展。

现场少人就是要实现油气水井和中小型站场无人值守、大型站场少人巡检。智能管控就是要实现自动感知、智能操控、智能优化。远程支持就是要实现前后方、跨地域技术支持、调度指挥。协同工作就是要实现跨专业、跨部门一体化协同研究、办公和决策。音视讯沟通就是全油田人与人之间、人与物之间要实现语音、视频、信息跨越时空的沟通交流。数字孪生就是物理实体油田与数字虚拟油田之间实现数字映射、数字呈现、动态交互，通过数字虚拟油田管控物理实体油田。

建设数字化智能化油田、实现数字化转型智能化发展，必须重视以下几方面。

一是要持续跟踪国内外油气田企业数字化转型、智能化发展的最佳实践和发展趋势，结合塔里木油田的特点，进一步明确油田公司各业务领域数字化发展的方向、目标和需求，明确数字化转型、智能化发展推动经营管理能力提升、业务管控模式转变的定位和作用。

二是要加强信息与业务深度融合。加强业务人员在数字化智能化油田建设过程中的参与程度，突出问题导向、需求导向、结果导向、目标导向。加强信息技术人员在业务规划及企业运营中的参与程度，发挥技术驱动与引导业务创新的作用。

三是要加大新技术推广力度。要在油田勘探开发、工程技术等领域的科研和生产中广泛应用大数据、人工智能、数字孪生、无人机与机器人等技术和装备，实现设计、采购、生产及销售全生命周期、全要素的数字化创新，实现企业生产经营管理和决策全流程的数字化转型。

四是要建立数字化人才队伍。数字化人才队伍是数字化转型、智能化发展的重要因素，要培养一批既掌握前沿信息技术又熟悉石油天然气勘探开发业务，既具备精湛的专业技能又善于管理的复合型人才。适时引进数字技术高级人才，提升油田高端数字化项目设计和应用能力。

第二节　数字化转型基础

塔里木油田历来高度重视科技创新，重视信息化在油气勘探开发中的支撑作用，油田信息化发展也伴随着油田主营业务的发展而不断壮大，作用也不断增强。

可以说，塔里木油田要实现数字化转型、智能化发展具备良好的基础，但对比数字化转型智能化发展的迫切需求也存在不小的差距。

一　信息化建设历程

自1989年成立以来，塔里木油田信息化建设经历了单机应用、分散建设、集中建设、集成应用等四个阶段，正处在新一代数字化油田—智能油田建设阶段（图1-2-1）。

1989年至1995年为单机应用阶段。主要科研和生产单位成立了计算机室，使用计算机进行文字处理、工业制图、数据处理与科学计算。

1996年至2001年为分散数据库建设阶段。1996年起组织开展局域网建设，分散建设了勘探、开发、钻井、物资等8大专业数据库，数据资源开始数字化管理。但网络覆盖范围不广，数据共享程度低，信息孤岛现象普遍。

● 图1-2-1　塔里木油田数字化发展历程

2002年至2005年，以承担国家"十五"重点攻关项目"塔里木数字油田示范系统研究"为契机，油田信息化建设进入统一领导、统一规划、统一建设阶段，油田局域网络覆盖范围扩大到各单位，中心机房基础设施不断完善，专业数据库建设领域不断扩展。2005年底完成数字油田示范系统研究的全部任务并通过国家组织的专家评审。

"十一五""十二五"期间以及"十三五"前三年，油田信息化建设进入集成应用阶段。信息化工作坚持统一规划、统一设计、统一标准、统一投资、统一建设、统一管理的"六统一"原则，在集中扩建完善专业数据库的同时，逐步开展数据集成与应用集成建设。到"十二五"末，油田基本实现了数据数字化、管理程序化。勘探开发专业数据绝大部分历史数据整理入库，新数据采集责任落实、正常化采集，经营管理业务平台在全油田广泛应用。

2018 年，塔里木油田制订了塔里木新一代数字化油田顶层设计（2019—2025 年），开启了数字化智能化油田建设征程。

二 信息化建设情况

截至 2018 年年底，油田信息化决策、管理、执行、协作"四级"信息化建设组织体系健全职责到位；信息化管理制度和技术标准规范不断完善；信息与通信建设项目、软硬件资产、配件耗材、承包商实行全生命周期、全过程规范化精细化管理。油田网络与信息安全防护体系构筑了横向到边、纵向到底的全方位数据保护、保密、舆情管控的防火墙；信息网络融合光缆、卫星、网桥、5G、WiFi 等多种传输方式，构建主干万兆字节 / 千兆字节冗余的高性能 OTN（光传送网技术）环网，基本满足了甲乙方员工安全、稳定的生产生活网络需求。油田计算服务器虚拟化整合比高达 1：15，实现了数据集中管理、设备统一管控、运行智能监控，构建了基础信息资源最佳利用、系统平稳运行的软硬件环境。

试点建设工程技术物联网、油气生产物联网、油气运销物联网，初步实现了生产数据自动采集与远程监视、生产过程自动控制、生产环境自动监测、生产运行协同管理，为转变油气勘探生产组织方式提供了技术支撑。建成和完善 24 个勘探开发专业数据库，海量数据资产得到有效保护，成为精细研究、精准管控、科学决策的数据源头。以规范管理、优化流程、提高效率、强化内控为主题，建成和完善 24 个业务工作平台，为业务管理提供了职责明确、规范运行、依法合规的手段。

以中国石油勘探与生产技术数据管理系统为基础开展深化应用，构建了库车、塔北、塔中、区域四个地震项目库和 31 个油气藏项目库，初步建成软件、硬件、数据和成果共享的胖服务 / 瘦客户协同研究环境，转变了研究模式，提高了工作效率。推广中国石油油气水井生产数据管理系统，整合了油气生产动态、动态监测、油气藏报表、采油（气）工程及开发生产报表，同时满足了油气生产单元、油田、总部多个层次数据需求。ERP 应用集成系统构建了人、财、物、供、产、销六条管理主线，构建了物流、资金流、信息流的三流合一管理体系。

信息系统集成门户、生产指挥系统、一体化数字井史、钻完井知识库、数字油田搜索引擎等集成应用系统实现了跨专业、跨系统融合访问，提升了数据应用价值、提高了用户工作效率。信息运维以"770"呼叫中心为枢纽，以智能化监控预警为手段，建立了甲乙方一体化、一站式信息运维服务机制，打造了用户满意度高的信息服务专业化品牌。

塔里木信息化建设
成果

通过多年的信息化建设，塔里木油田在信息采集、信息传输、计算与存储、业务办公、工业控制和员工交流等方面确定了一定的成果，具备一定的数字化转型基础。

1. 信息采集方面

信息采集系统主要指生产、科研和管理第一手源头数据的收集和审核。塔里木油田经过多年信息化建设与应用，在信息采集方面形成了人工数据采集、实时数据自动采集两种信息采集方式，建立了各领域专业数据库并同期开展了历史数据资源建设，对油田勘探开发核心数据进行了有效保护。

1）人工采集

人工采集指基层生产单位操作人员通过 PC 端手工录入各领域原始数据并提交存储到专业数据库系统中。专业数据库系统遵循数据采集、数据存储、专业基本应用以及历史资源同步完成的"四位一体"建设原则。先后建成了公共数据、物探生产、地震、野外地质露头、综合研究成果、岩心岩屑、测井、钻井、录井、试油与井下作业、分析化验、采油工程、数字井筒、开发动态、井控、设备、地面工程、基础地理等 24 个勘探开发专业数据库。同时利用数据采集监督平台和专业数据质量监控平台实时监控数据手工采集的及时性、完整性和一致性。

2）自动采集

随着物联网推广应用，油田钻完井、油气生产、油气运销、水电供应、维稳安保等生产现场的实时数据实现了自动采集，实时数据通过单向网闸推送到油田办公网内实现存储和应用。

钻完井实时数据自动采集方面，通过推广中国石油工程技术物联网系统，完成全部钻完井现场实时数据自动采集全覆盖，成功采集 90 多个型号的钻参仪、综合录井仪、LWD/MWD、测井车、酸化压裂车等设备实时数据和视频数据（表 1-2-1）。基于实时数据自动采集建立了钻完井远程管控支持中心，实现了钻完井作业的实时监控、地质导向、作业过程动态分析与优化、工程与地质专家远程协同支持，进一步保障钻完井生产安全、提高钻完井速度和质量，同时也减少现场专家人数，降低现场作业风险，提高作业效率，降低非生产时间。

表 1-2-1　钻完井实时数据自动采集数据项

仪器种类	仪器厂家	数据项
综合录井仪	雪狼、德玛、神开、ALS、SDL9000、ADVANTAGE 等	井深、大钩负荷、立管压力、转盘转速、全烃含量等共 48 项
钻参仪	德玛、雪狼、神开、重仪厂等	大钩负荷、立管压力、转盘转速、入口温度等 45 项
LWD/MWD	贝克休斯、海蓝、斯伦贝谢、德玛等	工具面、方位角、井斜角、伽马、电阻率等 11 项
酸化压裂	四机厂、杰瑞	油压、套压、排量、用液量、总液量、砂浓度等共 9 项
试油	EXPRO、洛阳润成、成都时代慧道	油压、套压、油嘴尺寸、油密度、水密度、油流量等共 20 项

续表

仪器种类	仪器厂家	数据项
控压钻井	川庆钻探、贝克休斯	井口压力、阀后压力、泵入流量、出口流量、控压压力、井底压力、井底温度、井口温度等共20项
旋转导向	斯伦贝谢、贝克休斯	上伽马、平均伽马、下伽马、深电阻率、中电阻率、浅电阻率等共12项

油气井生产数据自动采集方面，通过试点国家油气供应物联网应用示范工程、中国石油油气生产物联网系统，先后完成了克拉、克深、哈得、塔中、英买、迪那、大北、哈拉哈塘等油气生产单元油气水井、计量间（配水间、集气站）、联合站（处理厂）的生产实时数据自动采集（图1-2-2）。全油田油气水井单井数字化覆盖率达到65%，中小型站场数字化率90%，大型站场数字化率100%。油气生产单元实现了生产数据自动采集、报表自动生成、视频监控，数据能够自动上传到中国石油油气水井生产数据管理系统（A2），减轻了油气生产基层人员数据录入工作量。

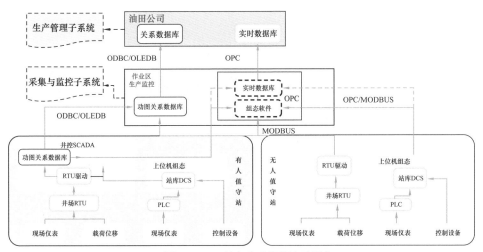

● 图1-2-2 油气生产数据自动采集

油气运销实时数据自动采集方面，通过国家油气供应物联网应用示范工程，油气长输管道RTU阀室的压力、温度、视频，油气储运站和装车站的油气收发压力、温度、流量、视频实现实时自动采集并上传至油气调控中心（图1-2-3），数字化覆盖占比35.9%。另外南疆利民长输管道总长2952千米基本完成数字化改造，实现了生产运行数据的实时采集与监控，数字化覆盖率达97.3%。

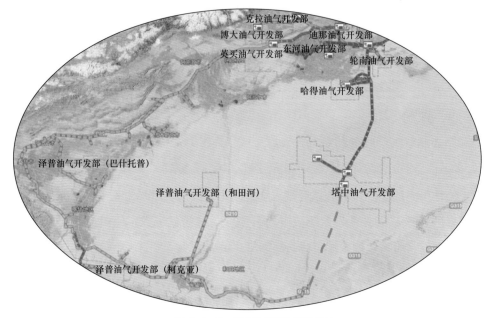

● 图1-2-3 油气运销管网示意图

电力供应实时数据采集方面，油田30个变电所、4571千米输配电线路的运行参数实现了自动采集，并上传至区域电力调度中心实现远程一体化集中调控（图1-2-4）。

维稳安保实时数据采集方面，油田油气生产现场、油气运销管道、后勤保障基地等实施安防达标工程，油田16个一级风险目标、37个二级风险目标、88个三级风险目标构建完善可靠、自成体系的安防系统，安装6225个安防监控摄像头，周界报警15020米，一键式报警677个，实现了安防信息自动采集与远程上传（图1-2-5）。

2. 信息传输方面

油田信息传输系统是油田生产网、办公网、自动化控制网、视频监控网和语音IP网等业务的承载基础。随着油田生产需求的不断提高，油田传输网络经

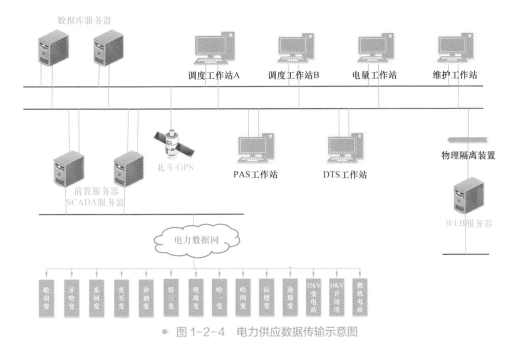

● 图1-2-4　电力供应数据传输示意图

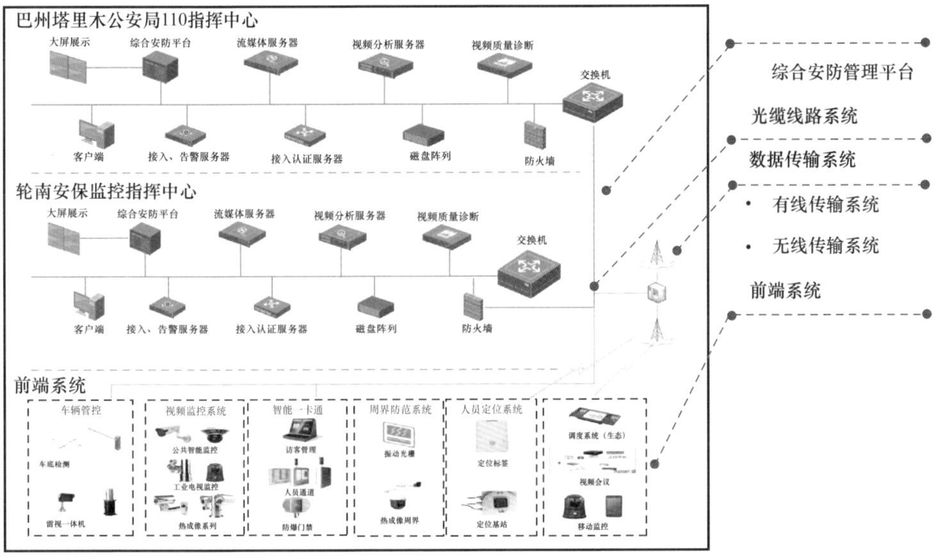

● 图1-2-5　安防数据自动采集流程图

历了从无线微波到长距离光传输、从链形网络到环形网络、从低容量低可靠性到大容量环网保护、从承载单一通信业务到复杂种类齐全业务的跨越式发展。基于

OTN 光传输骨干环网和卫星两套传输，油田建立了生产网、办公网、公共信息网以及电话语音、数字电视、安防维稳、公安、消防、电力、无线集群等应用专网（图 1-2-6）。

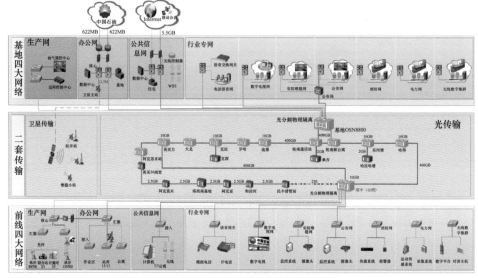

● 图 1-2-6　油田信息传输系统总体架构图

油田信息传输网络覆盖塔里木盆地东西约 1200 千米、南北 800 千米范围，连接全油田基地、塔石化、塔西南办公生活区、所有井间站厂库管线等生产区以及公安、消防、维稳等重点区域。网络主干双核心双万兆字节、千兆字节到桌面，接入单位约 180 个，用户约 35000 个，WiFi 网络用户约 40000 个；语音网用户近20000 线；互联网出口带宽 4.5GB；至中国石油总部出口两条 622MB 链路。

1）传输链路

油田传输链路包括骨干光传输（OTN/SDH）环网和卫星传输。光缆总长超过7000 千米，网络传输设备约 4000 套，网络中继站及弱电间 158 座。OTN 传输网采用 40×10GB 系统覆盖库尔勒基地和大部分前线生产单元，部分油气生产单元采用 SDH、PTN 连接 OTN 骨干网（图 1-2-7），每个生产单元至基地独享带环路保护的 10GB 带宽；南疆利民管网采用 2.5GB SDH 光传输链路，接入塔西南油气生产单元和站库；全油田探区光传输系统单位覆盖率已达 98%。

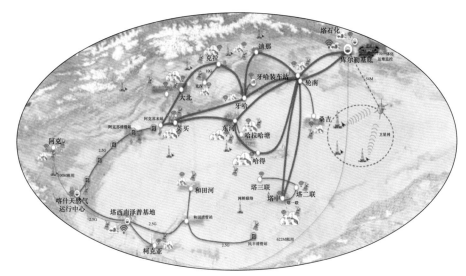

● 图 1-2-7 油田骨干光传输网络示意图

卫星传输采用进口宽带卫星通信设备建成，租用中国卫通中星 10 号转发器，建有主站一套、小站 140 套。主站共享总带宽 13MB，其中上行带宽 4.2MB、下行 8.8MB；单站最大上行带宽 1.6MB，平均带宽 0.1MB（图 1-2-8）。卫星小站主要为正钻井井场、分散的维稳值班点提供电话、数据及公共信息服务，保障了重点井和维稳点的高清视频实时传输。

2）生产网络

油田生产网包括油气生产、油气运销、水电供应等工控系统及物联网系统，分别覆盖各油气生产单元、各油气运销管线站场以及变电站。生产网采用以有线光缆为主、无线 4G 补充的传输网络。生产网内的油气生产、油气运销或安防视频监控数据通过单向网闸和防火墙后可接入办公网上传至生产管控中心和油田生产指挥中心。

3）办公网

油田办公网覆盖油田所有基地和前线油气生产场所，总计接入甲乙方单位超过 180 个，用户约 3.5 万个。油田网络核心采用双设备冗余，基地 11 个万兆字节汇聚点、前线 11 个油气生产单元及大二线千兆字节汇聚点，千兆字节到用户桌面。油田数据中心机房采用双核心服务器万兆接入，最大可提供 10GB/40GB 网络接入，支持虚拟化、云环境建设。油田核心通过运营商 2 条 622MB 链路接入集团公司。塔西南区域核心采用双设备冗余，基地 5 个万兆字节汇聚、前线 6 个千兆字节汇聚，实现了泽普基地、所属油气生产单元、喀什油气运行中心的办公网络接入。油田、塔西南区域核心通过运营商 622MB 链路互联。油田办公网拓扑结构（图 1-2-9）。

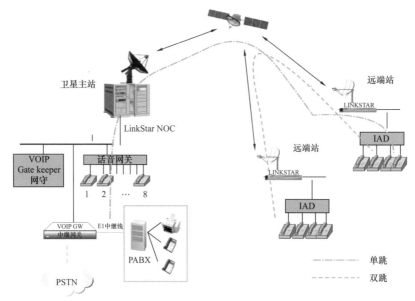

● 图 1-2-8　油田卫星通信系统示意图

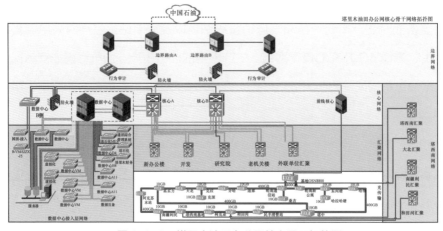

● 图 1-2-9　塔里木油田办公网核心骨干拓扑图

4）公共信息网

油田公共信息网采用"核心＋汇聚＋接入"三层架构模式，形成了"双出口、七大汇聚、万兆主干、千兆接入"，覆盖所有基地和前线所有油气生产场所。库尔勒基地互联网出口带宽5.5GB，塔西南基地互联网出口带宽5GB（图1-2-10）。油田公共信息网实行上网实名制，基于一卡通账号进行用户身份认证。库尔勒基地和泽普基地各有一套无线WiFi网络接入公共信息网，无线设备3558台套，用户数6.4万户。

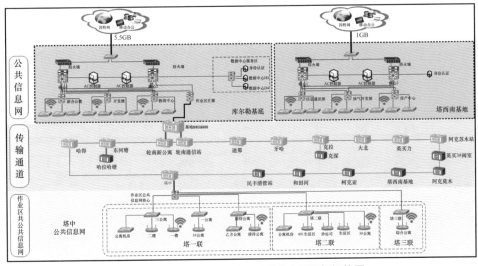

● 图1-2-10　塔里木油田公共信息网逻辑拓扑图

5）应用专网

应用专网包括电话语音网、公安专网、安防维稳网、数字电视网、电力专网、消防网和无线集群网，为油田生产、办公、生活等方面提供了信息通信便利。其中油田无线集群网是前线油气生产单元无线集群的通信网络，在大部分油气生产单元已实现生产现场全覆盖，全油田有数字集群8座、模拟集群9座、终端1260多部（图1-2-11）。

6）网络安全

在网络安全管理方面，整个油田网络划分为办公网、生产网、公共信息网以及行业专网等"四大网络"安全域，各网络安全域间采用了物理隔离或强逻辑隔离（图1-2-12）。

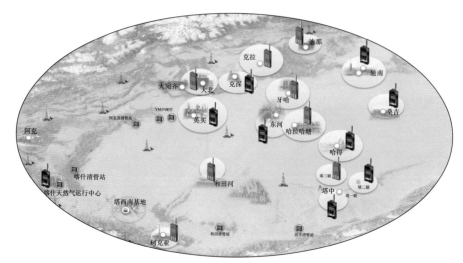

● 图 1-2-11　无线集群网络建设示意图

● 图 1-2-12　网络安全体系图

办公网和公共信息网安全。办公网执行中国石油统一安全部署与管理，公共信息网自行开展安全管理，两个网络从桌面终端安全直至出口边界安全都有严密的安全控制，"一头一尾"保护措施齐全，应急响应快速有效。

工控系统安全。工控系统网络主要通过防火墙、网闸等技术手段实现边界防护。

3. 计算与存储方面

1）信息机房情况

通过机房集中和整合，塔里木油田只剩下油田中心机房、勘探开发研究院机房、塔西南勘探开发公司机房三个主力机房和油田综合通信机房、卫星及通信运营商机房、通信电源机房、油气工程研究院机房四个专用机房，各机房都有各自的功能定位，为油田信息存储系统的整体规划、提高企业灾难应对能力奠定了基础（图1-2-13）。

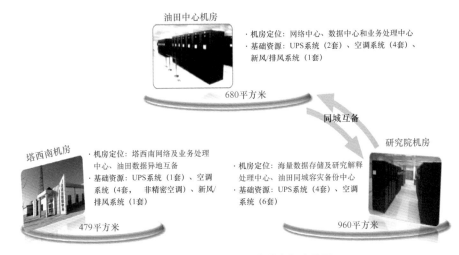

● 图1-2-13　油田机房分布与定位图

2）计算资源情况

油田中心机房计算资源主要包括用于核心数据库业务的小型机计算资源、虚拟化平台计算资源以及用于特定应用的X86服务器资源。X86服务器约280余台，其中44台用于服务器虚拟化服务，承载虚拟机近500余台以及200个虚拟桌面系统；小型机26台，其中10台用于油田核心数据库系统。油田自建系统主要在虚拟化平台上运行，实现了服务器虚拟化在油田的全面应用及设备、业务、数据的集中部署和管理。

3）存储资源情况

油田中心机房核心业务系统存储总空间884.64TB。存储设备包括IBM

DS8700、HDS AMS2500、VNX5500、VNX5800、VSP G600、VSP G200 共计 6 台存储设备。根据不同的业务系统需求，由 12 台光纤交换机配置形成相对独立的 SAN 网络。由于采用竖井式的建设模式，SAN 网络形成了若干个独立的 SAN 网络孤岛，存储设备之间无法共享存储资源。2018 年通过 2 台 Cisco 骨干导向器完成了原有独立 SAN 网络到统一 SAN 存储网络的整合改造。

4）数据库建设情况

油田数据库建设主要基于 Oracle 10g 和 SYBASE12.0 两类数据库管理系统。先后建成了 24 个专业库和 24 个工作平台，基于集团统建应用建成了 10 个数据主库，协同研究环境建成了 4 个勘探项目库以及 31 个油藏项目库。截至 2018 年年底，入库数据资产总计 344TB，结构化数据 12.26 亿条，文档 267.1 万份，图片 71.3 万张，为油田各领域的基本数据查询和应用提供了数据支撑（图 1-2-14）。

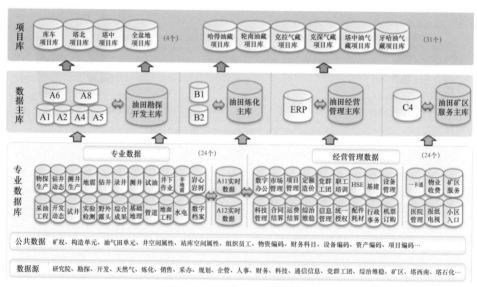

● 图 1-2-14　油田数据库建设情况

4. 业务办公方面

油田业务办公系统主要包括协同研究、业务管理、综合办公和经营管理等四大类，有力支撑了油田各业务领域的管理和研究工作。

1）协同研究

在勘探开发领域，以勘探与生产技术数据管理系统（A1）、油气水井生产数据管理系统（A2）为基础，基本建成勘探开发协同研究环境，初步实现了传统单机研究模式向协同研究模式的转变（图1-2-15）。一是基于OpenWorks R5000研究平台，建立了塔中、塔北、库车区块以及全盆地4个勘探项目库，为全盆地和

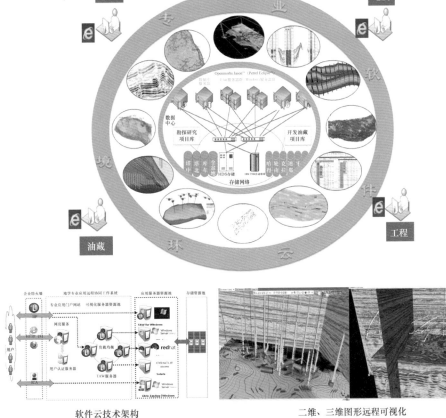

物探　　　　　　　　　地质

油藏　　　　　　　　　工程

软件云技术架构　　　二维、三维图形远程可视化

专业应用统一发布　　用户会话在线监控　　软件许可证使用监控与优化

● 图1-2-15 协同研究工作模式示意图

各区块地震地质综合研究提供了协同研究环境数据支撑。二是基于 Petrel Studio 平台，建立了轮南、克拉、迪那、哈得、东河、克深等 31 个油气藏项目研究数据库，实现了开发油藏项目研究数据与研究成果的实时共享，支撑了构造解释、地质建模、数值模拟等一体化开发油藏研究。三是基于斯伦贝谢公司 LiveQuest 软件建成专业软件集成平台，搭建了"专业软件云"环境，实现了 Petrel、OpenWorks、GeoEast 等 12 款主流研究软件在数据中心集中部署和统一发布，46 款软件许可证实现集中监控和优化。

在工程技术业务领域，钻井数据库已管理了塔里木油田 4189 口井、5413 个井筒数据；引进了部分国内外特色模块，基本完成钻完井一体化方案设计平台搭建，建立了钻完井知识库，具备常规工艺井钻完井工程方案设计、现场技术支持能力；油藏工程一体化研究平台已基本具备地质力学解释、储层品质评价、简单缝压裂模拟、简化三维压裂缝网模拟、简化复杂缝网产能预测及生产数据分析等功能；采油气综合研究系统以 OLGA 为基础，配备 WELLCAT、PIPESIM 软件，具备常规工艺单井工程方案设计能力，也可以提供基本的模拟计算技术支持。

2）业务管理

在油气勘探、工程技术、地面工程、开发生产等 13 个业务领域，建立业务管理系统 72 个，固化了内部控制流程，支撑了对应业务领域的主要业务工作，促进了油田各项业务的程序化、规范化管理（图 1-2-16）。

油气勘探领域，建成勘探与生产技术数据管理、物探生产管理、钻井试井井下作业管理、测井成果管理、综合研究成果发布等 12 套面向油气勘探生产与研究的应用系统，为工程和科研人员在数据采集、报表上报、查询浏览方面提供了便利，工作效率得到很大提高。

工程技术领域，建成井控信息管理、工艺安全管理、钻完井经验知识库、钻完井一体化方案设计平台、油藏工程一体化研究、采油气综合研究 6 个业务管理平台，支撑钻完井生产管理、生产指挥等业务活动，为方案设计、油藏工程研究、采油气综合研究等科研提供了统一应用平台。

地面工程建设领域，建有中国石油统建系统 A5（采油与地面工程运行管理系

业务管理现有系统			
油气勘探	勘探与生产技术数据管理系统	物探生产管理系统	测井成果管理系统	试井专业数据管理系统
	数字井筒系统	录井专业系统	测井生产管理系统	勘探开发对标管理系统
	钻井试井井下作业管理系统	综合研究成果发布系统	研究动态及研究成果发布	野外露头地质数据库
工程技术	井控信息管理系统	工程技术部综合管理信息系统	工艺安全管理平台	钻完井经验知识库
	钻完井一体化方案设计平台	钻完井决策支持中心		
地面工程	A5系统	地面建设现状总图	基建管理信息系统	
开发生产	A2系统	A11系统	油气藏综合管理系统	
油气运销	油气运销管理系统	运销站场完整性管理系统	长输管道完整性管理系统	长输管道智能巡线系统
炼油化工	B1系统	B2系统	塔石化工艺管理系统	
安全环保	HSE信息管理系统（E1）	节能节水管理系统（E7）	油田QHSE管理平台	移动监督检查平台
	油田能耗管控系统	接警调度指挥通信系统	400兆集群通信系统	
设备物资	ERP系统（设备模块）	特种设备信息管理系统	MDM（物资主数据管理）	EPR系统（物资模块）
	电子采购系统	电子招投标交易平台	数字化仓储管理系统	物流共享平台
科技信息	科技与信息化管理工作平台	信息化工作平台	统一授权系统	
维稳安保	维稳信息系统	维稳值班系统	综治安保业务集成平台	一体化联合作战平台
矿区服务	重点区域监控系统	门禁控制系统	车辆管理系统	可视对讲系统	矿区协同工作平台
	一卡通管理系统	物业收费系统	小区综合信息系统	油田社保管理系统	退休职工管理系统	人口和计划生育系统
综合办公	电子邮件系统	数字办公平台	综合办公系统	会议管理系统	行政事务工作平台
党的建设	党建云	党群与企业文化系统	集团统建纪检查相关系统	

中国石油统建　　油田自建

● 图1-2-16 油田业务管理系统建设与应用现状

统）、地面建设现状总图、基建管理信息系统等 3 套系统，实现了基建信息管理、人才队伍管理、承包商管理、项目过程管理、设计文件管理、施工管理等业务活动的信息化支撑。

开发生产领域，面向生产单位推广中国石油油气水井生产数据管理系统，实现了油气生产动静态数据的采集，并有效支撑了基层生产管理活动。面向管理人员建成油气藏管理系统，规范了油气开发业务管理流程，整合业务管理数据，量化综合管理指标，实现了多部门协同。

油气运销领域，建有油气运销管理、长输管道智能巡线、运销站场完整性管理、长输管道完整性管理等 4 套系统，为管道巡检作业、管道与站场完整性管理等业务活动提供了信息化支撑。

设备管理业务，通过特种设备信息系统实现了基础信息、检验计划、检验报告、设备使用状态等完整的特种设备信息管理和应用。通过 ERP 系统设备管理模块，对油田公司通用设备进行统一管理，实现了台账管理、年度报表、维修和故障统计等应用。

物资采购业务，推广中国石油统建 MDM 物资主数据管理、ERP 系统（物资模块）、电子采购系统 2.0、电子招投标交易平台、数字化仓储管理以及物流共享平台等 6 套系统，为油田物资采购和仓储配送业务提供了信息化支撑。

安全环保领域，推广中国石油节水管理系统、中国石油 HSE2.0 信息管理系统，建设油田 QHSE 管理平台、移动监督检查平台、能耗管控系统，实现了安全环保监督、事故事件管理、能耗监测管控等业务活动的信息化支撑。

科技信息业务领域，建设科技与信息化管理平台、信息化工作平台 2 套系统，实现了科技与信息项目计划、立项、合同执行、合同结算发起、成果、奖励、论文、知识产权、文件归档全过程数字化管理。

油田维稳安保领域，建成维稳信息系统、维稳值班系统、综治安保业务集成平台、一体化联合作战平台，开展了安保防控达标建设、维稳指挥部信息化建设，有效支撑了油田维稳安保各项工作。

矿区服务管理领域，建设门禁控制、车辆管理、社保管理等 14 套自建系统及 10 套外部系统，为矿区管理提供了信息支撑。

5. 工业控制方面

1）油气生产

塔里木油田油气生产现有 SCADA、DCS、SIS、FGS 等站控系统 111 套，PLC、RTU 共 2299 套、仪表 72329 台、阀门 7984 台（表 1-2-2）。

表 1-2-2　油气生产工控系统统计表

名称	类型	数量	主要厂家 / 品牌
控制系统	SCADA	20	进口为主
	DCS	39	国产 + 进口

名称	类型	数量	主要厂家 / 品牌
控制系统	SIS	21	进口为主
	FGS	31	国产 + 进口
	PLC	1196	国产 + 进口
	RTU	1103	国产 + 进口
	合计	2299	
仪表	就地	38907	国产为主
	远传	33422	国产 + 进口
	合计	72329	
阀门	合计	7984	国产 + 进口

2）油气运销

油气运销管道、阀室、储运站、装车站主要包括 SCADA、SIS、FGS、RTU、PLC 等工控系统以及大量终端设备，共 209 台套；现场控制阀门及仪表 3210 台（表 1-2-3）。

表 1-2-3　油气运销工控系统统计表

系统类型	数量（台套）	主要厂家 / 品牌	主要应用区域	具体控制内容
SCADA	3	进口	轮南生产运行中心、牙哈装车站	监控集气站、集油站、储运站管辖供气门站、进轮南的输油气管道等区域。牙哈装车站系统负责监控南区北区和英牙中间站和进牙哈装车站管道
RTU、PLC	200	进口	站场、管道阀室等	站场过程控制、管道阀室过程控制、定量装车、站场火炬、消防等系统
SIS（ESD）	3	进口	站场	集气站天然气系统、牙哈装车液化气系统紧急关断系统
FGS	3	国产 + 进口	站场	集油站、牙哈装车站火气系统
合计	209			

3）油田供电

油田电力供应包括 110kV 变电所 15 座、35kV 变电所 19 座、10kV 变电所 2 座。电力调度主站系统采用国电南瑞 ON3000 自动化控制系统，主要采集各个子站系统四遥信号并做数据统计，实现调度远程监控，遥脉数据通过读取终端集中器采集至调度主站，通过调度报表功能实现电量的统计功能，并实现 WEB 发布。油田供电领域 36 座变电站建有子站系统，包括 ISA300+、PRS7000、PS600+、PCS9700、ABB 自动化系统；各个厂站配置主备监控后台监控主机实现变电所站内设备集中监视及远程控制，并配备一套独立五防系统配合远程控制，避免误操作；变电所站内电量系统通过电量采集终端设备与后台系统软件融合实现电量数据采集。

6. 员工交流方面

为了满足油田甲乙方员工信息交流的需要，油田建成覆盖基地和前线油气生产单元的公共信息网；WiFi 网络全面覆盖两个基地和一线生产生活区域；建成塔里木石油报数字报纸、数字图书馆、国内杂志电子版阅览、电子学术论文期刊查阅等；建成数字网络电视、会议网络直播、网络视频政治学习等；建设油田视频会议系统，从油田、二级单位，到油气生产单元、部分联合站共 73 个会场。

三　差距与需求分析

1. 差距分析

2018 年以前塔里木油田数字化建设虽然取得了一系列成果，为油田油气勘探开发生产、科研、管理、决策起到了积极的支撑作用，但距离世界一流现代化大油气田对信息化的需求还存在较大差距，距离数字化转型智能化发展的要求还存在巨大差距。

1）数据采集自动化水平不高

油田先后试点建设了国家油气供应物联网应用示范工程，推广了中国石油油气生产物联网系统、工程技术物联网系统，但由于资金持续投入不足，覆盖范围不大，油田源头数据采集整体自动化水平不高。

一是油气生产、运销、水电等还没有全面数字化覆盖。全油田油气生产单井数据自动化采集率为 65%，中小站场自动化采集率不到 90%。油气水井视频监控、生产监控未实现全覆盖，仅少部分抽油机井实现了远程启停，个别配水间实现了自动调节配水。

二是钻完井实时数据远程监控、生产过程视频监控完成试点，还没有全面推广。

三是特种设备检验停留在现场、单台、停车、线下传统检验模式。

四是现场安全行为监控、环保监测、能耗监测未实现在线实时监测。

五是物流仓储管理停留在传统管理模式，需要应用条码和 RFID 等新技术提高物流效率。

六是数据采集质量不高。由于数据自动化采集水平不高，导致绝大部分数据是以手工采集为主，分别存储在各个分散的业务系统中，数据重复录入现象普遍，基层员工数据录入负担重、效率低，数据及时性、准确性、完整性、一致性得不到保证。

2）数据质控不到位

高质量的数据是企业最宝贵的资产，但油田的数据管理与质控流程落实不到位，影响了数据的质量和使用效果。

一是数据管理责任不落实。主要表现在部分单位对数据采集的重视程度不够，不能很好地落实数据管理岗位以对数据采集情况进行监督和协调，不仅导致数据采集的及时性和完整性不符合要求，还容易造成数据丢失。

二是数据质量把关不严，在数据加载入库过程中未能真正落实数据质量审核流程，导致部分数据存在质量问题。

三是部分专业数据库在历史资源建设过程中缺乏专业用户深度参与，也导致了数据质量存在问题。

四是专业库数据治理水平不高。部分专业库存在数据缺项、不一致、不及时等问题，需要进一步加强数据资源建设。

五是专业库之间存在业务数据重复存储与交叉管理，影响业务数据的充分共享和高效利用。

3）网络传输存在短板

塔里木油田作业单元点多面广，生产区域大多荒无人烟、自然条件恶劣，没有社会通信网络，2018年以前绝大部分传输网络基础设施都需要油田自建，存在不少短板。

一是油田信息通信网络虽然已经覆盖大部分区域，但仍在部分生产区域存在盲区。特别是边远井、零散井、转运站数据和语音通信性能不能满足要求，网络尚未覆盖到所有井站、部分网段传输带宽不足，存在通信信号覆盖盲区（弱覆盖）多，需要考虑融合多种通信方式、整合油田与运营商多方资源，解决生产现场网络通信"最后一公里"问题，彻底解决前线油区通信信号覆盖难题。

二是油田通信光缆与设备设施缺乏统一管理，资源利用率不高。光缆敷设点多线长面广，建设主体众多，缺乏顶层规划和统一技术标准规范，缺乏集中统一规范的管理机制，光缆资源利用率不高，资源浪费大，存在重复建设，运维效率较低。需要对油田网络资源整体摸排梳理，找出问题和短板。

小·贴·士

最后一公里：钻完井现场和油气生产单元井、间、站库等油田主干通信网络没有覆盖的边远生产区域。

三是通信传输基础设施更新维护投入不足。油田光缆及配套基础设施大部分超过10年，没有相应的网络资源基础资料库和光缆监测预警系统，维护手段单一落后、光缆抢修周期长，难以在通信中断后做到快速响应和及时恢复。在用卫星通信系统投运于2005年，设备厂商已处于停产状态，设备备品备件购置成本高，难以保证未来业务需要。

4）计算与存储资源云化程度不高

2018年前，受技术条件的限制，油田计算与存储资源无法满足云计算、云存储的应用需求。

一是高性能 X86 服务器不足。油田核心服务器以小型机为主，随着信息技术的快速发展，高性能 X86 服务器集群替代小型机已成为趋势，通过 X86 服务器集群架构和 InfiniBand 高速网络能大幅提高核心数据库系统安全性和可扩展性。

二是核心存储容量不够。油田核心存储设备主要有 IBM DS8700、EMC VNX5800、EMC VNX5500、HDS AMS2500 等，存储空间整体使用率接近90%，超过存储容量使用安全界限，已不能满足每年新增数据的存储需求。

三是服务器虚拟化平台老旧。自 2012 年投入使用，经过 2 次扩容，形成 3 个虚拟化站点、4 个虚拟化集群、500 余台虚拟机的应用规模，虚拟化整合比高达1：15，但平台软件版本低，且早期投用的设备不支持当前系统环境，亟待对老旧服务器进行更替，统一升级系统版本，构建油田应用计算资源池。

四是灾备体系亟待完善。油田核心数据同城互备系统存储空间使用已达到83%，且仍有 200 余台虚拟机待纳入 NBU 备份系统，急需对系统进行扩容以满足业务增长需求。

5）信息化应用效果不佳

2018 年以前，油田信息应用系统孤立应用多，导致业务协同难、应用效果不佳，不能支持油田主营业务实现数据共享与业务协同。

一是专业数据库系统和业务办公平台处于分散应用状态，数据在勘探开发、炼油化工、储运销售、后勤保障等不同业务板块和生产、科研、管理不同部门间不能充分共享。

二是专业数据库重点解决了数据采集和历史资料数字化入库问题，但只建立了一些基本的应用功能，数据深度分析、挖掘以及知识转化处于起步阶段，缺乏适合各专业特点的深层次应用功能，勘探开发海量数据价值没有得到充分发挥。

三是业务办公平台实现了业务流程的程序化、网络化运行，但缺乏高水平的专业化统计报表和多维度分析的综合功能，不能完全满足业务应用需求，跨地域、跨行业、跨学科、跨层级的全方位全业务链协同工作模式尚未建立。

四是大数据、云计算人工智能等新技术服务于油田生产管理、调度、指挥、决策支持的信息化工作尚未开展，信息应用对生产组织优化、管理运行方式转变的作用发挥得不够明显。

2. 需求分析

面对油田勘探开发业务数字化转型智能化发展的迫切要求，对比分析油田数字化存在的差距，塔里木油田数字化总体上需要完善提升信息采集、信息传输、信息存储、业务办公、工业控制、员工交流等系统性能和功能，支撑油气勘探开发现场少人、智能管控、远程支持、协同工作、音视讯沟通、数字孪生的需求。

1）信息采集需求

要通过不断扩大物联网自动化采集、开展移动标准化人工采集，逐步减少人工采集工作量，实现油气生产现场数字化采集全覆盖，实现电子巡检、无人值守、远程监控、现场少人高效。

一是生产实时数据自动采集与远程监控要实现全覆盖。钻完井作业、油气生产、油气运销、大型动设备、安全环保、维稳安保、生活小区等现场，需要通过物联网建设实现实时数据采集与监控全覆盖。

二是生产视频与安保视频监控要实现全覆盖。基于国家和集团维稳安保和生产安全的要求和部署，建立生产现场关键区域和安保关键场所的视频采集与监控全覆盖。

三是人工数据采集要全面实现标准化。日常生产动态数据采集融入生产现场标准化工作流程，使手工数据采集标准化、规范化，有效降低基层员工手工数据录入的工作量。

2）信息传输需求

全面建成油田信息高速公路，全部打通边远井场、站场等生产场所"最后一公里"网络接入，为生产数据快速传输、生产过程远程管控、前后方远程支持、员工音视频互通提供更加高速快捷的通道。

一是要升级油田至塔西南生产生活区域的 OTN 光传输骨干网，完善各油气生产单元的 OTN 光传输接入网络，形成油田全域覆盖的信息高速公路。

二是要升级改造油田卫星通信系统，增加网线网桥，提升通信带宽，支撑偏远钻完井场和维稳安保点工作生活的数据、视频、语音及时有效传输。

三是油田生产生活区要实现无线网络全覆盖。通过油田生产生活区无线 WiFi 网络进一步覆盖，完善和畅通油田公共信息网应用，满足油田员工移动办公、石油党建及各类"互联网 +"应用需求。

3）信息存储需求

需要建设统一先进的基础底台和服务中台，前端应用实现组件化、微服务化；需要构建云计算、云存储资源池，支撑数据银行对勘探开发数据实行资产化管理、高性能计算、安全可靠存储、智能化共享。

一是要建立统一的油田数据银行和数据湖，消除"竖井式"数据库。统一数据模型，加强数据治理和迁移，形成"金"数据资产，为应用平台提供数据服务，实现数据智能共享。

二是要建立统一的 PaaS 云应用平台，消除孤立应用多的现象。构建平台化、微服务化的应用开发、测试、运行环境，构建搭积木式的应用软件开发模式，云化传统应用软件、专业软件，将应用部署到云上，实现用户可定制个性化应用界面。

三是要进行云计算云存储资源建设，提升服务器虚拟化数量和计算能力，提高存储系统容量和性能，优化中心机房场环境，满足油田数据银行、区域湖、高性能计算、大数据分析以及业务应用的需求。

四是要建立同城容灾和异地备份。建设两地三中心灾备体系，实现油田核心数据同城容灾、总部数据中心异地备份。

4）工业控制需求

在油气生产、油气运销、水电供应等领域更换老旧工控系统，提升工控系统安全防护能力，全面推广应用物联网技术，通过单向网闸在办公网内实现生产过程的数字映射、远程管控。

一是要升级改造工控系统、实现物联网全覆盖。基于生产自动化和安全管控需求的不断提升，对各领域生产现场的工控系统进行改造、升级、扩展，加快剩余生产单元物联网建设和老区新井物联网接入，实现物联网全覆盖，实现油气生产、油气运销、水电供应等各生产领域现场的生产集中管控。

二是要建设二级单位生产调度中心。基于各业务领域不同程度的扁平化管理需求，建设区域生产调度中心建设，通过数字呈现、数字映射，实现生产过程监控、作业安全管控、安保维稳防控三位一体。

5）协同办公需求

基于流程化引擎，构建岗位定制、任务驱动的一体化协同研究、协同工作模式，提高数据共享能力，提升工作效率。

一是业务应用要进行平台化集成整合。以云平台、数据银行和业务流程管理技术（BPM）为核心，建立统一的业务协同工作平台，打造全业务过程数字化管理模式，实现业务领域管理工作的桌面化、流程化、协同化。

二是经营管理应用要实现服务共享。利用中国石油统建 ERP 应用集成，实现油田油气价值链管理、投资一体化管理、物资供应链优化管理以及项目、设备、资产全生命周期管理；微服务化建设及云化改造自建系统与 ERP 无缝集成，形成经营管理一体化协同。

三是勘探开发研究需要实现一体化协同，完善勘探开发协同研究环境，构建工程技术协同研究环境和油气藏生产优化协同研究环境。

四是要在油田各专业信息系统的架构基础之上，建设油田级生产指挥决策支持中心，实现"数据集成化、管控智能化、运行可视化、指挥现代化"，为油田生产应急一体化联合指挥提供支撑。

6）员工交流需求

要充分应用运营商通信资源，弥补油田光传输、卫星、网桥、无线 WiFi 等通信资源的不足，实现信息通信网络全覆盖，满足被授权员工随时随地沟通交流无极限。

一是要实现视讯会议系统覆盖基地和生产一线主要单位。

二是通过音视讯多手段融合交互，建设音视讯共享服务平台，丰富员工沟通技术手段。

三是要普及移动应用，基于统一移动应用平台开发各业务领域的移动应用，不断满足用户随时随地办公需求。

四是要升级网络电视、普及数字电视，满足员工生产生活上的沟通需求和娱乐需求。

7）制度与体系建设需求

一是要修订完善数字化油田建设、运行、维护的管理制度。

二是要建立健全数字化油田信息采集、信息传输、信息存储、信息应用、信息运维等方面标准规范，为数字化油田建设提供指导和参照。

三是要建立数字化油田统一运维机制。统一油田网络、计算、存储、桌面应用以及物联网的运维工作，提高运行的稳定性、运维的高效性；建立和健全数字化油田统一运维机构和队伍。

8）网络安全保障需求

一是要完善网络安全管控体系。一方面优先满足国家、地方政府和中国石油的网络安全合规性要求；另一方面结合行业经验和油田现状，重点保护数据和基础设施核心资产，对新建系统或平台同步配套安全建设。

二是要强化工控系统安全防护。通过对工控系统进行风险的全面评估，进一步加强工控系统技术手段和制度保障，提升工控安全管控能力。

三是要建设安全管控中心。建立主机安全、认证安全、日志审计和移动应用安全的、具备态势感知的安全管控中心，提升油田网络安全管控能力和水平。

第三节　智能油田建设蓝图

塔里木油田勘探开发要实现宏伟目标，就要实行现场少人、智能管控、远程支持、协同工作、音视互连、数字孪生，就必须走数字化转型智能化发展之路。数字化智能化油田是助力油田数字化转型智能化发展的重要推手。回顾走过的历程，塔里木油田数字化建设取得了不少成就，但也面临着应用系统自成体系、互难连通，数据库多、技术平台多、孤立应用多的"三多"现象，面临着数据共享难、业务协同难、应用开发难"三难"困境。塔里木油田一直在探索数字化智能化油田建设之道。

2018年4月，塔里木油田在建设3000万吨大油气田实施方案中提出了数字化油田的建设思路、工作目标和重点工作，自此塔里木油田历时近一年编制完成了2019—2025年塔里木新一代数字化油田（智能油田）建设方案，旨在应用物联网、云计算、大数据、人工智能、移动应用等新一代信息技术，建成集信息采集、信息传输、信息存储、信息应用为一体的共享协同数字化油田工作平台，助力塔里木3000万吨现代化大油气田建设。2019年5月，中国石油信息化专家莅临塔里木油田对方案进行了评审并给予高度评价和充分肯定。

一 中国石油梦想云总体架构

按照中国石油"一个整体、两个层次"总体部署，历经五年集中攻关和深化应用，勘探开发梦想云已成为油气行业最大工业互联网平台和中国石油工业最大的自主知识产权数字技术平台。梦想云坚持"一朵云、一个湖、一个平台、一个门户"建设蓝图，技术架构完整、层次分明、功能定位清晰。梦想云数据湖构建了源头采集、两级治理、逻辑统一、分布存储、就近访问、互联互通的连环湖数据生态；梦想云通用底台建立了开放、稳定、安全、持续演进的云平台；梦想云服务中台包括业务中台、数据中台、共享组件和专业工具，为开发者和业务用户提供共享能力、服务工具，提升应用开发效率、降低应用开发成本；梦想云应用前台构建了开发的应用环境，支撑油气勘探、油气开发、协同研究、生产运行、经营决策、安全环保、工程技术和油气销售八大领域通用应用（图1-3-1）。梦想云的介绍详见《勘探开发梦想云丛书》之《梦想云平台》。

小贴士

一个整体、两个层次：一个整体即建设中国石油统一的云计算及工业互联网技术体系；两个层次即支撑总部和专业板块两级分工协作的云应用生态系统建设。

● 图1-3-1 勘探开发梦想云架构图

二 油田主营业务架构

塔里木油田核心业务横向覆盖油气勘探、油气开发、油气生产、油气运销、炼油化工等上下游一体化业务链，纵向包括决策指挥、业务管理、研究支撑、生产操作四个层级（图1-3-2）。

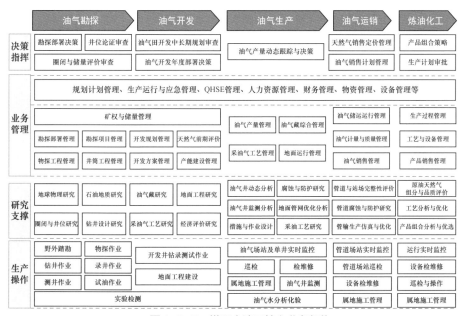

● 图1-3-2 塔里木油田核心业务架构

三 智能油田建设蓝图

1. 建设目标

智能油田建设的总体目标是支撑油田增储上产、提质增效、管控风险、造福员工、建成世界一流现代化大油气田。智能油田建设的技术目标是岗位定制、任务驱动、智能共享、数字孪生。岗位定制是要按照岗位需要和权限共享资源、共享功能、共享信息；任务驱动是要实现任务页面的直接调用；智能共享是要按照岗位权限实现共享的智能化；数字孪生是要实现对实物和地理信息等的数字化映射。

2. 系统框架

基于塔里木油田信息化建设的现状，针对信息化建设和应用中的突出问题，按照"数据和应用分开"的原则，塔里木智能油田从系统论的角度抽象为"信息采集、信息传输、信息存储、信息应用"四个部分，其中信息应用又分为"办公、工控、员工交流"等三个部分，由此形成"3+3"系统框架（图1-3-3）。

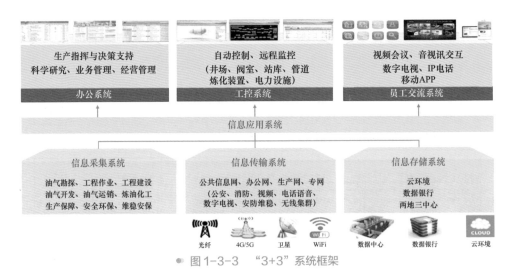

● 图1-3-3 "3+3"系统框架

3.应用架构

以支撑主营业务应用需求为目标，以"3+3"系统框架为指引，遵从中国石油上游信息化"两统一、一通用"的建设原则，塔里木智能油田应用架构涵盖信息采集、信息传输、信息存储与共享、信息应用等四大主体以及标准规范、网络安全、统一运维三大保障体系（图1-3-4）。

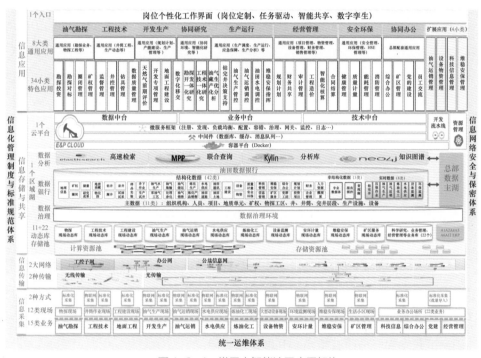

● 图1-3-4　塔里木智能油田应用架构

信息采集：按照油气勘探、工程技术、地面工程、开发生产、油气运销、水电供应、炼油化工、设备物资、安全环保、维稳安保、矿区管理、科技信息、综合办公、党的建设、经营管理等15类业务领域，梳理出物探、钻完井、工程建设、油气生产、管道站场、水电供应、炼油化工、大型动设备、环境监测、维稳安保、生活小区及业务办公场所等12类数据采集现场，采用物联网和标准化两种采集方式，开展信息采集系统的规划、设计和建设；采集的数据对应由11类现场动态库和22个业务库存储并直接服务于相应生产现场或业务管理应用，现场动态库和业务库的数据经过业务主管部门审核后，加载到油田数据银行形成油田的"金数据"资产。

信息传输：构建以光传输网络为主、无线传输网络及运营商服务为辅的油田"信息高速公路"；通过物联网和地面工程建设扩展工控子网；通过网桥建设和卫星通信升级改造，实现生产现场"最后一公里"网络接入；优化和加密 WiFi 无线覆盖形成更加方便畅通的公共信息网；充分利用油田传输网络和公共网络资源补充，高效支撑油田各类网络应用。

信息存储与共享：构建由云计算、云存储、区域湖和云平台组成的油田应用"云环境"，实现计算资源共享、存储资源共享、软件平台共享；基于规范化业务数据字典和统一企业数据模型，建立包括 11 类主数据、42 类结构化数据、3 类非结构化数据和 8 类实时数据的统一油田数据银行，保存涵盖油田各业务领域的"金数据"资产；落地梦想云平台形成云平台基础底台，扩展和定制技术、数据、业务三大服务中台。

> **小贴士**
>
> 两统一、一通用：建设勘探开发统一数据湖、统一技术平台和通用业务应用。

信息应用：基于油气田全生命周期、井生命周期、经营管理及安全环保业务管理相关的核心业务流，重点推广和深化油气勘探、油气开发、协同研究、生产运行、经营管理、油气运销、工程技术、安全环保、综合办公等通用应用，同时结合油田勘探开发生产与研究特点，开展特色应用和油田独有业务的扩展应用。

保障体系：包括标准规范、网络安全、统一运维三个保障体系。标准规范体系为油田提供智能油田建设、运维和管理的技术标准与规范。网络安全体系为智能油田建设和应用提供信息安全保障。统一运维体系为智能油田应用提供稳定、可靠与高效运行的支持。

> **小贴士**
>
> 现场动态库：在 11 类生产现场的一个数据存储，主要作用是实现生产现场采集数据的存储，支持现场应用。

4.技术架构

塔里木油田以支撑业务架构和应用架构落地为目标，基于中国石油勘探开发梦想云技术架构，遵循"一朵云、一个湖、一个平台、一个门户"的建设原则，采用分布式部署策略，构建了塔里木智能油田技术架构（图1-3-5），包括边缘层、信息公路网、计算存储池、区域数据湖、区域云平台、工作门户等六个部分和三个保障体系。

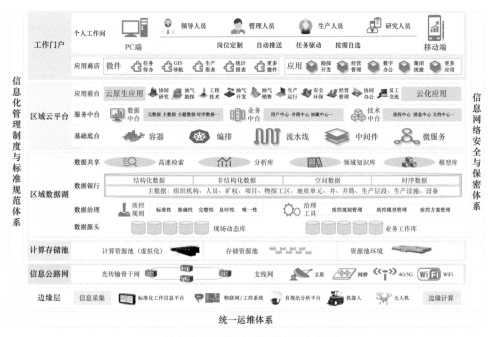

● 图1-3-5　塔里木智能油田技术架构

边缘层，包括信息采集和边缘计算两大方面的内容。基于标准化工作信息平台完成现场生产动态数据和业务办公数据人工采集，基于物联网/工控系统实现生产现场实时数据自动采集；同时为工控系统、音视讯分析平台、机器人及无人机等提供边缘计算能力，满足现场智能快速响应需求。

信息公路网，包括光传输骨干环网和支线网。光传输骨干环网以OTN技术为主，SDH、PTN技术为辅，支线网融合网桥、卫星、4G/5G、WiFi等技术满足生产现场"最后一公里"网络接入，提供高速稳定的传输通道。

计算存储池，包括云计算资源池、云存储资源池和云资源机房环境，构建油田区域云基础设施，提供高性能计算和存储能力。

区域数据湖，由动态库、数据治理、数据银行、数据共享四部分构成。动态库满足标准化工作信息平台缓存现场生产和业务工作产生的并审核的源头数据；数据治理对动态库数据进行"及时性、准确性、完整性、唯一性、标准性"检查，符合"五性"要求的数据推送到数据银行；数据银行通过主数据建立数据之间的强逻辑关联，永久保存结构化、非结构化、空间数据、时序数据等"金"数据资产；数据共享按照"数据与应用分离"的原则，通过高速索引、联合查询、大数据分析和知识图谱为上层应用提供数据服务。

区域云平台，包括基础底台、服务中台和应用前台。基础底台由容器、服务编排、自动化流水线、中间件、微服务治理等构成；服务中心由技术、数据、业务三大中台构成；应用前台为协同研究、油气勘探、工程技术、油气开发、油气运销、生产运行、安全环保、经营管理、综合办公、员工交流等业务领域用户提供业务应用。

工作门户，提供 PC 桌面、移动端的应用商店和个人工作间。应用商店统一管理云化的微件和应用；个人工作间由固定栏目和自选栏目组成，固定栏目按照岗位职责和任务驱动实现应用自动推送，自选栏目由用户根据个人喜好从应用商店按需选择微件和应用，实现每一位员工"千人千面"个性化应用模式。

标准规范体系提供塔里木智能油田建设与运维管理规范和技术标准。网络安全体系提供塔里木智能油田运行信息与网络安全保障。统一运维体系提供稳定、可靠与高效的运行保障。

四 智能油田实施路线

按照总体规划、分步实施的原则，塔里木油田确立"十三五"夯基础、"十四五"强应用、"十五五"智运营的"三步走"战略（图 1-3-6），分阶段落地智能油田建设蓝图。

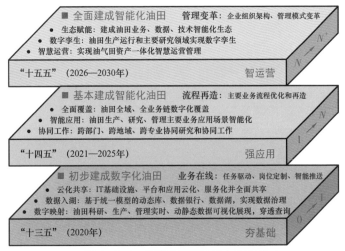

● 图 1-3-6　塔里木智能油田实施路线图

到 2020 年，初步建成数字化油田。实现勘探、开发、储运、炼化等油田业务过程的数字化管理，为建成 3000 万吨大油气田提供信息化支撑，初步建成数字化油田。具体要实现以下几点。

（1）业务在线：任务驱动、岗位定制、智能推送。

（2）云化共享：IT 基础设施、平台和应用云化、服务化并全面共享。

（3）数据入湖：基于统一模型的动态库、数据银行、数据湖，实现数据治理。

（4）数字映射：油田科研、生产、管理实时、动静态数据可视化展现，穿透查询。

到 2025 年，基本建成智能化油田。基本实现全面感知、自动操控、智能预测、持续优化油田管理。具体要实现以下几点。

（1）流程再造：主要业务流程优化和再造。

（2）全面覆盖：油田全域、全业务链数字化覆盖。

（3）智能应用：油田生产、研究、管理主要业务应用场景智能化。

（4）协同工作：跨部门、跨地域、跨专业协同研究和协同工作。

到 2030 年，全面建成智能化油田。覆盖勘探开发、油气运销、炼油化工、经营管理、安全环保、维稳安保领域和全业务链，形成具有全面感知、自动操控、智能预测、持续优化的智能化生态运营模式。具体要实现以下几点。

（1）生态赋能：建成油田业务、数据、技术智能化生态。

（2）数字孪生：油田生产运行和主要研究领域实现数字孪生。

（3）智慧运营：实现油气田资产一体化智慧运营管理。

（4）管理变革：企业组织架构、管理模式变革。

五　智能油田建设方法

数字化智能化油田建设涉及面广、技术复杂、任务千头万绪，不是一件轻松愉快的事情，必定需要方法论的指导。塔里木油田在智能油田启动建设之初就确立了"1234 方法论"，即 1 个转型战略、2 个核心原则、3 个管理机制、4 个战术行动（图 1-3-7），并在实践过程中不断进行丰富和完善。

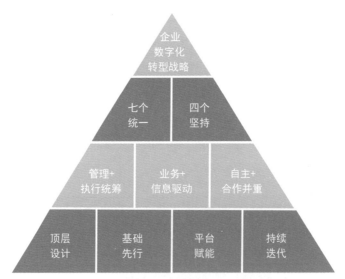

● 图 1-3-7　智能油田建设方法论框架

1 个转型战略：将企业数字化转型战略明确定位为企业战略的重要组成部分。

2 个核心原则：包括"七个统一"原则、"四个坚持"原则。"七个统一"指统一领导、统一规划、统一设计、统一标准、统一投资、统一建设、统一管理。"四个坚持"指坚持需求导向、坚持数用分离、坚持点面结合、坚持开放共享。

3个管理机制：在智能油田建设过程中要建立机制处理好三个关系，达到管理与执行统筹、业务与信息驱动、自主与合作并重的效果。

4个战术行动：在具体实施层面，要做好顶层设计、夯实信息基础设施、通过应用平台为业务转型赋能、持续敏捷迭代提升等四个方面的工作。

1. 一个转型战略

企业的数字化转型战略，是企业发展战略指导下的数字化转型策略，是企业如何通过数字化手段支撑业务目标实现的指导性纲要，需要企业管理层在全局性、方向性的重大问题方面做出决策。所以，数字化转型是企业层级的战略，是企业总体战略的重要组成部分。将数字化战略融入企业战略中，有助于数字化转型的效率与效果，提升转型成功率。

塔里木油田的企业战略是建成世界一流现代化大油气田，"大"是量的指标，"世界一流和现代化"是质的要求，数字化转型智能化发展是实现质变的必由之路。为此，塔里木油田将数字化转型智能化发展作为油田发展战略，将智能油田建设作为数字化转型的重要抓手，作为建成世界一流现代化大油气田的重要标志，强调坚持目标导向和需求导向，以"增储上产、提质增效、管控风险、造福员工"作为出发点和落脚点，统筹项目部署、建设、升级迭代等工作，确保每一项工作任务不偏离战略目标以及顶层设计。

2. 两个核心原则

1)"七个统一"原则

塔里木油田在中国石油信息化建设"六统一"原则的基础上，特别增加了统一领导，构成了智能油田建设"七统一"原则。

统一领导最为关键。塔里木油田明确将智能油田建设列为"一把手"工程。"一把手"总揽全局、定目标、定方向、全力支持、充分授权、亲自督导；信息主管领导统一指挥、悉心指导、协调各方，统揽智能油田建设全局，强力促进信息与业务各部门各单位通力协作和深度参与，有效保障了其他六个统一的贯彻落实。

统一规划，就是要贯彻落实企业数字化转型战略的工作目标与整体思路，站在油田全业务链、全领域的高度实现战略解码、做好全局谋划，个体服从整体、局部服从全局，在组织内统一思想、统一目标、统一语言、统一行动，确保数字化建设的整体性、协作性、可持续性。

统一标准，就是全油田各领域数字化建设执行统一标准规范。企业数字化转型带来新技术、新平台、新产品的落地，带来生产、经营、管理模式的转变。这就需要结合企业现状与这些转变，重新制定一套适合企业的管理标准与技术规范，作为各方面共同遵循的准绳和依据，同时引领未来发展方向，构建良性发展的数字生态保障体系。

统一设计，就是全油田不仅要统一进行顶层设计，还要遵循统一的设计标准，统一进行相关各项目的方案设计，确保从规划到顶层设计到项目方案设计的有效承接，确保顶层方案的落地。

统一投资，就是智能油田建设资金多方筹集、统一使用。无论从哪个渠道筹集的建设资金，都要由智能油田建设领导小组统筹考虑建设目标、项目建设顺序与建设周期，结合企业经营管理需要与资金情况，统一进行资金方面的调控与匹配。

统一建设，就是要基于顶层设计和阶段目标，全油田统一设置实施项目，统一进行实施进度安排和技术方案对接，不允许各部门、各单位擅自独立建设，避免各单位重复建设、各项目各自为政，"只见树木、不见森林"。

统一管理，就是要建立统一的管理组织与机制，层级明确，职责清晰，落实属地责任，实行结果导向。

2）"四个坚持"原则

需求导向，指有需要才建设，谁使用谁主导。智能油田建设项目的发起源自各业务单位的需求，项目的内容必须清楚描述业务与数字化现状、数据与功能需求、使用用户范围和数量，这样保证项目来源于需求、服务于需求。业务怎么干，信息应用就怎么建，建了就要用。信息流与业务流程保持高度一致，信息应用平台体现岗位定制、任务驱动、数字映射、智能共享的技术指标。

数用分离，就是数据与应用分离，打破原有一个应用一个数据库、数据格式与数据标准不统一、数据不共享的模式，统一标准、统一格式、统一源头、统一治理，建设统一的数据湖，将数据变为油田的优良"资产"和"生产原料"，各应用按授权访问、存储相应的数据，实现高质量数据更加方便快捷的共享。有效支撑各类应用的同时，可使研发人员专注于应用功能的有效实现，同时将不当的应用研发方法工具等的负面影响降到最低。

点面结合，就是试点先行，形成标准，以点带面，全面推广，避免走回头路。根据需求紧迫度、技术可行性、经济可行性，先从 0 到 1 解决从无到有的问题，形成建设制度与标准规范，再从 1 到 N 解决从有到优、从局部到全局的问题，避免"大跃进"，造成人力、物力、财力的浪费。

开放共享，就是在自主建设的基础上，以开放的心态和思维，与中国石油的科研院所、企业以及国际和国内领先企业开展合作。共享中国石油的科研院所、企业的研究和建设成果，加快建设进程、降低建设费用、提高建设水平。吸收国际和国内领先企业的先进思想、理念和方法，采用技术、服务和产品定制的方式，深度融合到油田的整体技术框架和项目部署，"不求所有，但求所用，集百家之所长，实现互利双赢"。

3. 三个管理机制

1）管理与执行统筹

智能油田建设需要强有力的组织来支撑，需要明确责任主体，制定合理的组织业务目标，配套考核和激励，优化组织间协作流程。在条件允许的情况下，应成立专门的智能油田建设与管理组织，负责协调业务和技术部门，建立协同运作机制，共同推进建设工作。

塔里木智能油田建设采取决策与管理、设计与实施两层扁平化组织结构，实行管办分离、分级管理、属地责任。在管理层面，油田分管领导、首席专家、业务管理部门组成智能油田建设领导小组，履行决策、管理与监督职责，自动化工作与信息化工作以单向网闸为界面，信息部门归口管理信息化，地面工程部门归口管理自动化，强化业务分工协作。在执行层面，信息服务单位、业务单位专家、主承包商组成智能油田建设项目经理部，负责具体项目设计和建设，按照项目群设置"根项目"，实行根项目长负责制。业务部门提出数据和应用需求，信息部门负责完成产品和功能，最终用户评价产品质量。

在智能油田建设过程中，需要把握好关键环节。智能油田的设计重点在抓过程，建设重点看目标。建设项目设计关键在可研，可研关键在需求、技术、经济方案的高质量。项目实施重点在安全、优质、按期、保量、控本。产品选用重点在统一定型、集中采购、动态配送，技术支持部门负责统一定型，采购部门负责产品定商、集中采购，根据用户实际需求动态配送，按市场价格结算，在确保合规的同时，避免设备品牌多、型号多、标准不统一，提升采购效率。

智能油田建设过程还要重视新技术应用带来的思路转变与管理转变。智能油田建设方式从传统开发转向敏捷迭代微服务式开发，需要项目管理人员和开发人员在思想和认识上充分理解和接受，并对项目管理模式进行改变和调整。这就需要油田对相关的项目管理制度进行优化和调整，才能够让新的工作模式有效落地。各类业务应用建成投用以后，一方面要得到业务人员思想认识方面的理解和认同，另一方面相关管理规章制度和绩效考核办法要进行匹配与调整。

2）业务与信息驱动

数字化转型必须依靠业务和技术双轮驱动，需要从业务视角主动思考数字化建设的目标和路径，将工作落实到具体的业务场景中，把新技术变现为实际的业务价值。智能油田建设要坚持"业务驱动，信息支撑，业务与信息深度融合、信息统筹"。

业务驱动。坚持业务导向、需求导向，业务人员根据本业务领域、本单位的改革发展目标，明确数据与应用的需求，在业务流程与数据流程优化再造、数据治理、业务功能测试、项目验收等方面发挥主导作用，确保信息流、业务流以及介质流向一致，保证不偏离目标。

信息支撑。信息部门负责根据信息系统现状，综合资金时间效益等因素，选用或者创新适宜的技术路线、技术手段和方法，编制技术方案，实现产品功能，满足业务需求、达成业务目标、实现业务效益。

业务和信息深度融合、信息统筹。成立塔里木智能油田建设项目经理部，关键业务人员占比 50% 以上，核心业务人员具有一定的信息化技能，核心信息人员对业务现状和需求有深刻的理解，彼此之间能就技术问题深度探讨互相了解，核心业务和信息人员共同组织参与技术方案论证、技术架构设计、数据模型建立、功能模块划分等工作，信息人员合并同类项剔除冗余，统筹具体项目的建设内容、边界，并根据项目之间的关联关系、难易程度等统筹项目的建设进程。业务和信息人员通过知识和技能的深度融合，确保技术方案高质量高水平、建设进程高速度高效率。

3）自主与合作并重

智能油田建设要构建自主、合作、融合的创新体系。企业自身要具备识别和聚集核心能力，通过自我提升实现核心能力内化。对于非核心能力，可以充分利用外部力量，快速补齐能力短板，为自身发展构建互利共赢的生态体系。

在智能油田建设过程中，塔里木油田自身要始终注重加强理念、思路、方法、规划的引领，注重将数据资源转化为数据资产的把控，注重对先进 IT 技术的消化吸收和核心能力的提升，特别是智能油田总构、总装能力，技术、产品与服务的鉴定能力，以及管理、运行、运维能力，主导顶层规划方案及其配套实施方案的编制，主持技术路线和技术架构的制定，实行甲乙方双项目长制，将主动权牢牢把握在自己手中，实现自主可控。

在对外合作方面，开展两个层面的工作。一是产品与技术层面，油田一方面与国内外知名 IT 企业开展合作，借鉴和吸引其先进技术和产品；另一方面继承并扩展中国石油优秀信息化建设成果，来提升智能油田建设的水平和效果。二是研发与建设层面，塔里木智能油田建设要遵循梦想云技术架构，采取"主承包商 EPCC"加"业界特色辅承包商"的模式，设计、建设、运行、维护以主承包商为主，其他特色承包商为辅，选取能力全面、资源丰富的梦想云建设单位作为主供应商，在油田特定业务领域具备丰富经验和先进技术的供应商作为辅承包商，建立主辅联合的供应商合作生态。

4. 四个战术行动

1）顶层设计

智能油田建设首先是制定顶层设计方案，明确数字化建设的总体框架和关键路径，确保方向不偏离。顶层设计按过程划分，包括业务需求确认与价值目标明确、蓝图方案制定、建设项目部署与路径规划三个重要阶段。

塔里木智能油田顶层设计工作，油田主管领导统一督导，信息管理部门牵头组织，各业务部门积极配合，开展各专业领域需求分析、专项规划编制；数字化油田建设项目经理部负责智能油田顶层设计和建设方案编制，并引入有实力的供应商，提供后期的规划咨询和技术支持服务。

顶层设计方案编制工作经历了各专业领域专项规划、顶层设计方案编制、需求补充与方案对接、顶层设计方案完善等阶段，历时近一年时间。业务部门、技术骨干 500 多人次参与了顶层设计方案的现状调研、需求分析、框架设计、技术分析、项目部署、实施计划等专题讨论和专项方案编制工作。

2）基础先行

在明确顶层设计之后，在智能油田建设中，要"基础先行"。对于油气行业，基础设施建设方面的支撑包括现场标准化采集、网络传输、存储与计算和物联网、数据平台和标准规范等方面，这是智能油田建设的重要基础。

有了数据采集、网络传输、存储与计算资源的硬件支撑，有了数据湖的数据支撑，有了统一的标准规范和配套管理体系，才能开展平台建设。基础设施建设要综合考虑经济实用性和前瞻性、先进性，采用成熟可靠、经济可行的技术和方案，能够基本满足油田未来八至十年的业务发展需求。

3）平台赋能

广义上讲，"平台赋能"是通过技术手段，提升企业数字化能力，解决外部环境快速变化与企业稳健运营要求之间的矛盾。狭义上讲，就是企业需要构造一个"应用场景化、能力服务化、数据融合化、技术组件化、资源共享化"的数字化平台，实现业务经验有效沉淀，数据资产逐步积累，技术架构平滑演进，企业数字化能力迅速提升。塔里木智能油田建设要实现三个层面的赋能。

一是研发能力赋能。通过"微服务"和"自动化流水线"的研发与应用环境，实现软件的云原生设计和敏捷迭代开发，使应用研发效率提升 30%，硬件利用率提升 30%，软件平均成本下降 20%。

二是应用能力赋能。通过一系列智能应用的建设，给生产管控、勘探开发一体化协同研究、业务管理、经营管理等赋予新能力，提升了工作效率和管理水平。

三是协同与共享能力赋能。集成当今先进成熟的信息技术，构建完整的智能化油田技术架构，通过数据银行与数据湖、服务中台与应用前台实现了数据全共享、业务全连通。

4）敏捷迭代

数字时代下，业务变化快，技术更新快，需要敏捷迭代。但是迭代不代表全盘的颠覆，数字化转型的能力需要不断积累和传承，支撑业务的可持续发展。因此敏捷迭代应该是分层的，不同的分层以不同的周期进行迭代和演进，通过以下三个层次的持续迭代，实现企业数字化能力不断提升，支撑油田业务逐步实现数字化转型。

应用级迭代。应用迭代包括企业原有应用的云化和云原生应用开发与升级。在这个层次，主要目标是结合信息技术的快速发展与业务需求的快速变化，通过短周期敏捷迭代，快速应用新技术实现业务价值。

平台级迭代。包括两方面的内容，一是结合新技术对平台架构与功能的完善，二是沉淀应用级短周期的能力与经验。在平台完善方面，梦想云平台已经发布三个版本，保持着每年一个版本的升级完善周期，塔里木智能油田与梦想云同步升级完善。在应用级能力经验沉淀方面，塔里木智能油田规划构建公共组件库，打造能力强大的服务中台。

规划级迭代。在顶层设计的指引下，数字化建设逐步支撑业务战略目标的实现。在阶段性目标基本达成后，需要进行方向性的审视并作出战略性的调整。这个周期应该是相对较长的，否则将造成资源浪费，影响业务价值目标的实现。塔里木油田信息化长期规划，按照国家的五年规划步骤，每五年进行一个版本的迭代，在五年之间进行规划的小版本滚动更新。

第二章
智能油田建设成果

　　塔里木油田按照既定建设目标、实施路线和建设方法逐层落地智能油田建设蓝图，打造了塔里木智能网络协同工作平台——"坦途"，形成了"坦途"区域数据湖、"坦途"区域云平台、"坦途"协同工作门户、"坦途"数字化生态保障体系等一系列产品，并成功注册"塔油坦途"商标，让中国石油勘探开发梦想云的种子率先在塔里木油田落地、生根、开花、结果。

第一节　塔油"坦途"建设成果概述

塔里木油田借助高覆盖率的油气供应物联网、存储 5.68PB 数据的 24 个专业数据库和 24 个业务工作平台等良好基础，按照"需求导向、顶层设计、应用驱动、以点带面"的建设方针，以先进的云技术架构为指南，以一个湖、一个平台、一个门户、一张网、一套体系为建设重点，成功建成了"塔油坦途"，实现了智能油田从 0 到 1 的突破。

"一个湖"就是塔里木区域数据湖。完善了 17 个统一数据标准，扩展了 EPDM 数据模型，共扩展了 53 张表 1900 个字段，建立了数据质控规则和 8 个管理工具，建设了数据银行资产库，实现了数据按类入库、入湖，开发了 2300 多个数据高速共享组件。塔里木区域数据湖让数据变资产，让"数据孤岛"成为历史。

"一个平台"就是塔里木区域云平台。在基础底台，搭建了"微服务"和"自动化流水线"的研发与应用环境，实现了软件的云原生设计和敏捷迭代开发；在服务中台，研发了可共享、能复用的技术、业务、数据服务组件 61 类；在应用前台，研发了油气勘探、开发生产、生产运行等特色应用 33 小类，扩展应用 4 小类。塔里木区域云平台让应用研发效率提升 30%，硬件利用率提升 30%，软件平均成本下降 20%，"协同应用"成为现实。

"一个门户"就是塔里木协同工作门户。建立应用商店统一管理微件和云化应用；建立"个人工作间"实现按岗位职责自动配置应用、自动推送任务，实现用户按需自主选应用，自主定制工作间。协同工作门户实现了个人工作"只见应用，不见系统"，实现了岗位定制、按需推送，让"智能工作"成为常态。

"一张网"就是塔里木油田信息公路网。建成超 7000 千米光缆，采用 OTN 技术的信息公路高速骨干环网实现了全部油气生产区域的万兆字节直达；融合卫星、网桥、工业 4G、WiFi 等无线传输技术建成的信息公路支线网，实现了一线生产场所"最后一公里"的全覆盖；油气供应物联网实现钻完井、油气生产、油气运销、水电供应全业务链覆盖。塔里木油田信息公路网让信息与应用"全连接"成真。

"一套体系"就是塔里木数字化生态保障体系。智能油田标准规范体系覆盖 8 大类 31 小类 110 项标准规范；网络安全与保密体系从管理、技术与日常监控等方面为智能油田提供"横向到边、纵向到底"安全防护；统一运维体系为智能油田提供 7×24 小时一站式调度、甲乙方前后方一体化协同运维保障。塔里木数字化生态保障体系实现了信息化工作"六统一"原则落地生根，让塔里木油田"数字化新生态"化茧成蝶。

塔里木油田李亚林副总经理在 2020 年 11 月 27 日中国石油勘探开发梦想云 3.0 发布会上发布了题为《梦想云助力塔里木油田数字化转型》的演讲

第二节　塔油"坦途"边缘层

边缘层包括信息采集与边缘计算两大方面，是塔里木数字化智能化油田的"触角"，是感知生产现场数据、各业务管理层数据的"神经末梢"，类似于人的眼、耳、鼻、舌、皮肤等感知与条件反射器官的功能。信息采集是整个数字化智能化油田所有数据信息的来源，是数据全面性、及时性、准确性得到有效保证的关键一环。边缘计算则在靠近油气生产现场生产设备或数据源头的一侧，建设分布式小型数据机房，融合网络、计算、存储、应用等核心能力，作为油田云数据中心的有效补充，就近提供快速响应和智能服务，其计算结果通过高速网络快速传递到油田云数据中心。目前，边缘层重点完成了一线生产数据物联网自动采集和手工标准化采集。

一　现场生产数据采集

信息采集系统建设的主要目标是减少人工采集工作量，避免重复录入，确保数据的"及时性、完整性、准确性、唯一性、标准性"，保护勘探开发核心数据资源。

信息采集系统的主要建设思路是以自动采集为主、人工采集为辅，能自动采集的不人工采集，而人工采集能采用移动端采集的不采用 PC 端录入，确保一次采集全链条共享。自动采集主要依托工程技术物联网、油气生产物联网、油气运销物联网、电力供应物联网、工业电视监控系统等实现数据与视频自动采集；人工采集以推进基层标准化为契机，建立现场和业务标准化信息工作平台，让员工在完成日常工作的同时完成数据采集（图2-2-1）。

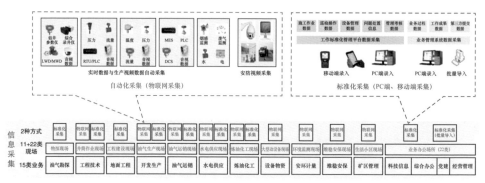

● 图2-2-1　信息采集系统的两种采集方式

1. 八类生产现场实时数据自动采集

在钻完井、油气生产、油气运销、水电供应、大型机泵设备、环境监测、维稳安保、生活小区共8类生产生活现场，补充完善相关工控系统或物联网系统的前端采集设备，包括摄像头、数字化仪器仪表、控制器等采集与控制设备，升级工业控制SCADA系统，采用OPC协议通过单向网闸向现场动态库推送生产实时数据，生产视频数据直接存放现场动态库（图2-2-2）。

2. 六类生产现场日常数据人工标准化采集（移动端、PC端）

以基层站队标准化建设为载体，在物探、钻完井、工程建设、油气生产、油气运销、水电供应等六类业务领域的现场分别建立统一的标准化工作信息平台，实现各业务领域现场日常动态数据的人工标准化采集（图2-2-3）。

一是制订一套基层岗位工作标准体系。以每个业务领域各岗位现场工作标准化建设为基础，建立《岗位管理手册》《岗位操作手册》两册。

二是建设一个标准化工作信息平台。以现场工作任务化管理、操作过程标准化管控、日常数据标准化采集为核心，以"两册"为依据，结构化分解、配置、固化

● 图 2-2-2 现场实时数据自动采集示意图

● 图 2-2-3 现场日常数据标准化人工采集示意图

生产现场各项工作的操作规程，设计开发一套通用的、适用于油田各领域生产现场标准化管理的标准化工作信息平台，实现对日常数据的源头一次采集和现场工作在线监管，实现生产现场巡检与操作、高危作业步步提示、步步确认、步步受控，实现问题隐患及时发现、及时上报、及时处理。

三是实现生产现场共享一套数据。各标准化工作信息平台采集数据录入相应业务现场动态库，并在基层生产现场各专业间相互共享，经业务主管部门审核后向油田数据银行推送数据，为上层应用提供全面一致的现场日常数据。

3.21 类业务办公数据人工标准化采集

21 类业务办公数据具体实现包括科学研究 3 类、业务管理 12 类、经营管理 6 类。业务工作数据采集完全融合到规范化、流程化的业务管理工作平台之中，用户在完成业务工作的同时也完成了相关数据标准化采集。业务办公数据直接存储在相应业务库中，直接支撑所在业务领域的各项业务工作（图 2-2-4）。

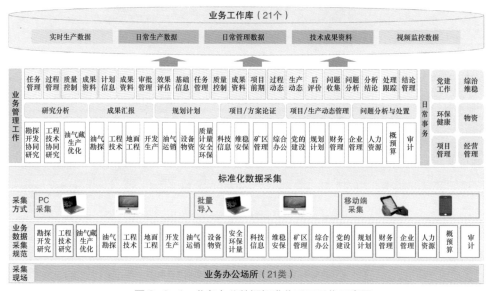

● 图 2-2-4　业务办公数据标准化手工采集示意图

按照"以点带面、急用先建"的原则，现场生产数据采集先期改造完成钻完井、油气生产、油气运销、水电供应等现场生产数据物联网自动采集和标准化手工采集工作。

二　钻试修现场数据采集

钻试修现场数据采集包括作业实时数据自动采集和动态数据人工采集两种采集方式。钻井、录井、测井、试油等各专业数据、视频数据通过井场局域网络传输至钻试修现场动态数据库统一暂存。单井现场动态数库部署在"黑匣子"采集器中，取代了原来钻井、录井、测井、试油、物料、生产管理等分散的"竖井式"数据采集系统，实现了井场钻井、录井、测井、试油、修井等专业动态数据的一体化采集，减少了数据重复录入，减轻了现场录入人员负担，保证数据及时性、准确性、完整性、唯一性、标准性。单井现场动态数据再通过井场外联的有线或无线网络传输到油田基地工程技术动态库（图2-2-5）。

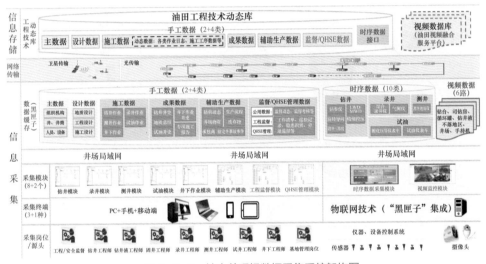

● 图2-2-5　钻完井现场数据采集系统架构图

1. 井场"黑匣子"

"黑匣子"是一台高性能服务器，集数据采集、数据存储、融合通信、视频会议、视频监控、网络适应六大功能于一体（图2-2-6），具备小型化、轻量化、智能化、高稳定性等特点，是钻完井现场手工数据、时序数据、视频数据等存储和边缘计算的重要资源，实现对钻完井作业现场数据的统一管控，一处采集多处共享。"黑匣子"存储的时序数据和视频数据一旦写入不能更改，确保钻完井现场作业过程数据的及时性、原始性、安全性和可追溯性。

2. 井场组网方式

钻完井井场内通过无线网桥或有线连接组建局域网，"黑匣子"部署在井场甲方监督房内，这样部署有利于监督对"黑匣子"的管控，也方便网络接入。监督和井队工程师电脑接入井场局域网，和"黑匣子"同属于一个局域网内，钻、录、测、试各专业数据实行数据共享、协同录入。"黑匣子"外链通过网桥或卫星接入油田内部网，把井场采集的手工数据和实时数据、视频数据传回基地（图2-2-7）。

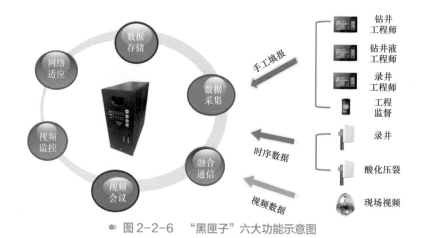

● 图2-2-6 "黑匣子"六大功能示意图

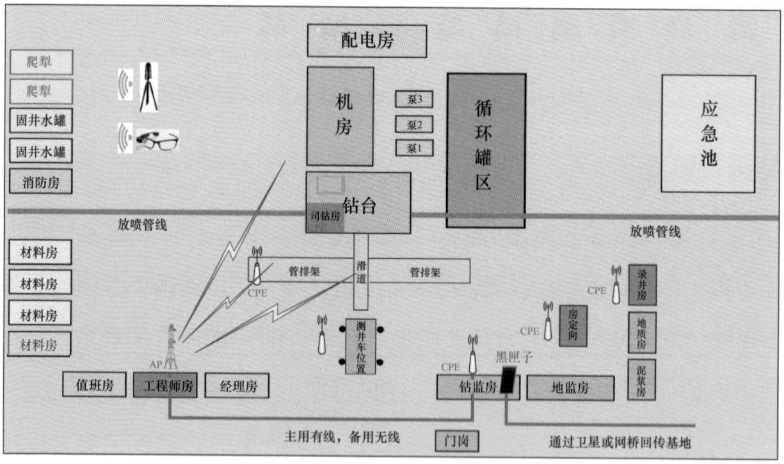

● 图2-2-7 钻完井井场组网方式

3. 钻完井现场实时数据自动采集

钻完井现场实时数据采集包括录井、钻井、测井、固井、精细控压、定向井、压裂酸化、试油等时序数据的自动采集（图 2-2-8）。支持 10 类仪器共 97 个型号 330 项数据采集（表 2-2-1），采集数据为 WITS 格式，支持 TCP、UDP、串口协议。现场"黑匣子"接收这 10 类一期实时数据后缓存到时序数据库中，并及时传回基地。

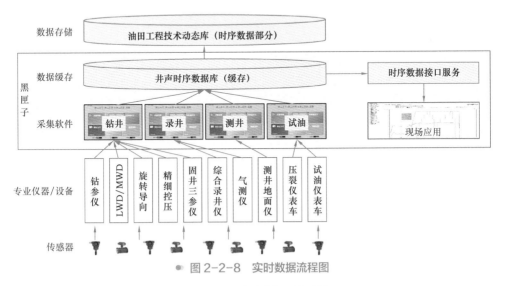

● 图 2-2-8　实时数据流程图

表 2-2-1　实时数据采集种类

专业	仪器种类	目前支持的仪器名称	目前能采集的数据项
钻井	钻参仪	重仪厂钻参仪、渤海 2 型钻参仪、雪狼钻参仪、德玛钻参仪、ZCJY-D、SZJ-Ⅱ、SZJ、SCJ-CJ-186、博联 BL-Ⅱ、神开 SK-2Z16、ZJC-10 等 11 种	井深、钻头位置、迟到井深、迟到时间、大钩高度、大钩速度、大钩负荷、钻压、转盘转速、扭矩、累计泵冲次、立管压力、套管压力、钻时、钻头进尺、纯钻进时间等 21 项数据
	LWD/MWD	海蓝、恒泰、郑州士奇 SQMWD、金地伟业、神开（SK-MWD）、北京欧盛文、中天启明、胜利 MWD、APS、哈里伯顿 FEWD、德玛 LWD 等 34 种	测点深度、自然伽马、电阻率 1、电阻率 2、电阻率 5、垂直井深、补偿密度、补偿中子、井斜角、方位角、东位移、北位移、闭合距、闭合方位、工具面等 17 项数据
	旋转导向	贝克休斯、斯伦贝谢共 2 种	井深、钻头位置、钻时、垂直井深、钻头垂深、平均伽马、上伽马、下伽马、方位角、井斜角、近钻头井斜、近钻头井斜测深、近钻头伽马（平均）、远端伽马、温度等 24 项数据

续表

专业	仪器种类	目前支持的仪器名称	目前能采集的数据项
钻井	精细控压控制房	旋转防喷器、自动节流控制系统、液气分离系统共 3 种	出口气体流量、入口流量、出口流量、入口密度、流量计出口密度、实际套压、目标套压、节流阀开度、井底温度、实测 ECD 等 25 项数据
	固井三参仪	川庆固井三参数实时监测仪	压力、密度、流量、阶段名称、阶段号、阶段量、累计流量共 7 项数据
录井	综合录井仪	睿眼、CPS2000、德玛、欧申 OS-ML、神开、胜利 SL-ALS、ACE、中原 NLS、国际录井公司 DLS、科新 ZSY2008、雪狼、渤海钻探 Datalog 等 24 种仪器	井深、钻头位置、迟到井深、迟到时间、大钩高度、大钩速度、大钩负荷、钻压、转盘转速、扭矩、累计泵冲次、立管压力、套管压力、钻时、入口密度、出口密度、入口温度等 58 项数据
	气测仪	eML 地质气测仪	二氧化碳、氢、硫化氢、甲烷、乙烷、丙烷、丁烷、戊烷、全烃等 15 项数据
测井	测井地面仪	EILog、ECLIPS-5700 共 2 种	测点斜深、井斜、方位、电阻率、伽马曲线地层密度、纵波时差、井径、井下温度等 55 项数据
试油井下	酸化压裂仪表车	四机 SEV5140TYB、哈里伯顿、杰瑞、台湾研华共 4 种	油压、套压、密度、排出流量、混合液密度、砂浓度、吸入压力、排出压力等 80 项数据
	试油仪表车	F4-7080D、HD-HySYSTEM、HDA32-16、HDA3216-A、HKZ-120、JHSH-02、ROSEMOUNT、S7-200、SAS IT、T912 等 15 种	油压、套压、分离器上温、分离器上压、分离器下压、分离器气产量（瞬时）、分离器累计气产量、总累计气产量、悬重、钻井液罐温度、速度、深度、流量、累计流量、扭矩等 28 项数据

4. 钻试修现场数据人工采集

钻试修现场数据人工采集包括钻、录、测、试、修（井下作业）等 6 大类 51 小类数据采集（表 2-2-2），各专业分别填写数据，然后统一存储在"黑匣子"中实现井场数据共享，减少不同专业间数据重复录入，降低现场数据录入工作量。

表2-2-2 井场标准化数据采集类别

序号	数据分类	采集数据类别	序号	数据分类	采集数据类别
1	公用数据（3类）	主数据（井、井筒）	27	测井数据采集（11类）	测井动态数据
2		设计文档	28		测井基础数据
3		派工单	29		常规测井数据
4	钻井数据采集（17类）	钻井日报	30		二维测井数据
5		钻井基础数据	31		地面操作数据
6		定向井数据	32		原始数据文件
7		井控数据	33		测井质量控制数据
8		钻具数据	34		设备运行记录数据
9		钻井液数据	35		遇阻遇卡数据
10		钻头数据	36		危险品异常数据
11		钻时数据	37		仪器故障记录
12		井径井斜数据	38	试油数据采集	试油日报数据
13		地层压力试验数据	39	井下作业数据采集（13类）	试油基础数据
14		井身结构数据	40		试油作业数据
15		固井数据	41		试气作业数据
16		控压及欠平衡数据	42		射孔作业数据
17		事故复杂数据	43		地层测试作业数据
18		材料成本数据	44		地面测试作业数据
19		施工进度数据	45		井下作业日报数据
20		技术总结数据	46		井下作业基础数据
21	录井数据采集（6类）	录井日报数据	47		大修作业数据
22		录井基础数据	48		小修作业数据
23		综合录井仪数据	49		带压作业数据
24		地质录井数据	50		酸化作业数据
25		工程录井数据	51		压裂作业数据
26		资料解释数据			

井场数据由监督和井队工程师手工填报，存储到"黑匣子"现场动态库，经现场的监督对原始数据进行审核后，通过数据传输软件传回基地工程技术动态库。数据入库业务流程如图 2-2-9 所示。

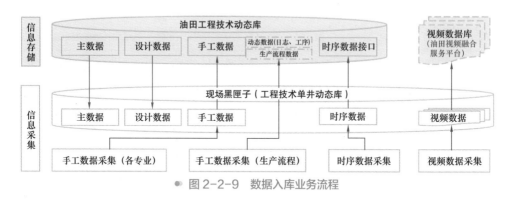

● 图 2-2-9　数据入库业务流程

三　油气生产现场数据采集

油气生产现场数据采集分为物联网自动采集和标准化人工采集两种方式。通过试点和推广中国石油油气生产物联网系统，塔里木油田油气生产井数字化率达到91.5%，中小站场数字化率达到93.3%，大型站场数字化率达到100%，实现油气水井、计量间、转油站、集气站、清管站、联合站（处理厂）等油气生产单元生产数据的自动采集。通过试点推广油气生产作业区标准化信息工作平台，让一线员工在操作、巡检、作业、安全生产管控等现场工作过程中利用移动或固定客户端完成生产数据人工采集。

1. 油气生产数据物联网自动采集

油气生产物联网系统由数据采集与监控子系统、数据传输子系统、生产管理子系统三部分组成，如图 2-2-10 所示，数据采集与监控子系统部署在油气水井、大中小型站场，对生产现场的数据进行自动采集和控制；数据传输子系统通过有线和无线网络覆盖在井场、站场至基层站队，实现数据通信；生产管理子系统部署在基层站队、油气开发部及以上各级单位，满足各级人员对油气生产监测、分析诊断、预测预警等需求。油气生产物联网系统实现了全部生产单元油气水井、大中小型站场（厂）、集输管线的生产、安全、环保、安保数字化全覆盖，实现运行参数自动采集与告警、生产过程远程控制、安全环保自动监测、安保防恐企警联动。

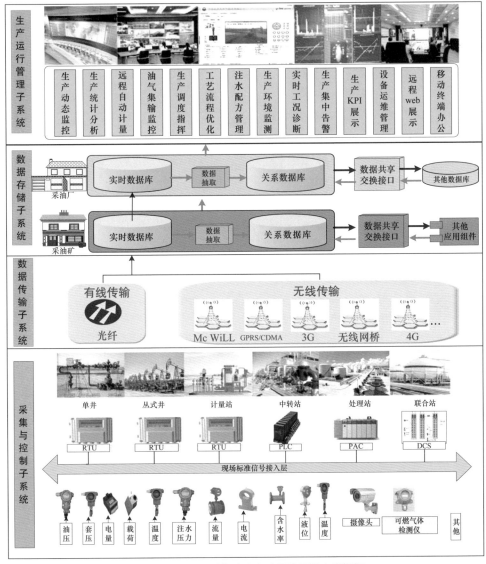

● 图 2-2-10　油气生产自动采集建设方案框架

数据采集与监控子系统主要实现生产数据自动采集、物联设备状态采集、生产环境自动监测、生产过程监测、远程控制等功能。生产数据自动采集实现油气地面生产各环节相关业务的生产数据采集。生产环境自动监测实现人员入侵、可燃气体、有毒有害气体浓度等信息的采集和告警。生产过程监测提供油井监测、气井监测、供注入井监测、站库场信息展示、集输管网信息展示、供水管网信息展示、注水管网信息展示等子功能，实现对以上涉及的生产对象的工艺流程图实时数据显示和告警。远程控制提供抽油井远程启停、电泵井远程控制、气井远程关断、注水自动调节控制等子功能，实现对以上涉及的设备的远程控制（图2-2-11所示）。

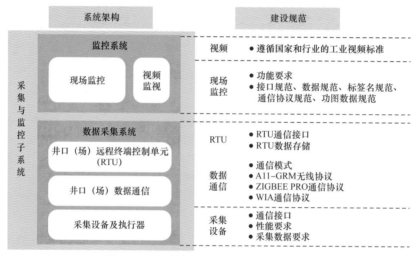

● 图2-2-11 数据采集与监控子系统建设规范

数据传输子系统所承载的业务数据包括实时生产数据、控制命令数据、视频图像数据及语音数据。采用有线和无线通信技术相结合的方式，将单井和站场生产数据高效、安全、稳定地传输到中控室。其中站场及气井数据传输采用有线光缆方式；油井、计量间数据传输采用有线与无线组网方式传输（图2-2-12）。

生产管理子系统提供生产过程监测、生产分析与工况诊断、物联网设备管理、视频监测、报表管理、数据管理、辅助分析与决策支持、系统管理、运维管理功能（图2-2-13）。

2. 油气生产动态数据人工标准化采集

塔里木油田以基层站队业务标准化手册为基础，借助移动智能设备，建立了油气生产作业区标准化信息工作平台，一方面，保障了基层生产全过程、全方位风

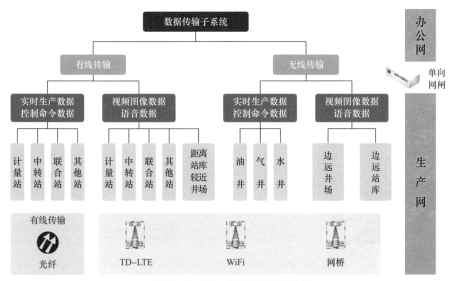

● 图 2-2-12　传输子系统架构图

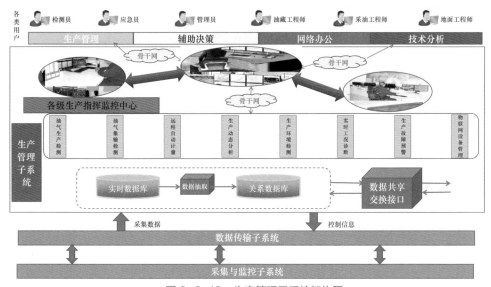

● 图 2-2-13　生产管理子系统架构图

险受控，提高了现场生产管控能力；另一方面，以标准化流程驱动，规范了业务流转，从工作计划直至工作完成，实现了全业务链全过程管理。油气生产数据标准化采集平台框架如图 2-2-14 所示。

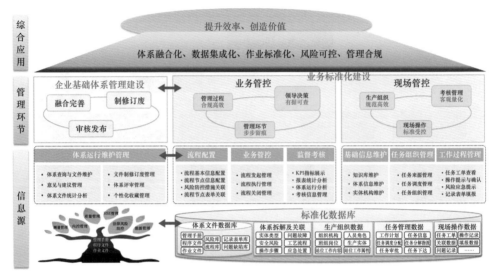

● 图 2-2-14　油气生产数据标准化采集框架图

四　油气运销现场数据采集

　　油气运销现场数据采集分为物联网自动采集和标准化人工采集两种方式。油气运销物联网实现了油气运销长输管道阀室、油气储运站库等生产数据、视频数据的自动采集。油气运销标准化信息工作平台让一线员工在操作、巡检、施工作业、安全生产管控等现场工作过程中，利用移动或固定客户端完成生产过程数据人工采集。

1. 油气运销实时数据自动采集

　　通过油气运销物联网建设，油气运销实现了输油气管线、阀组间、集油站、集气站、计量间等储运设施以及油气的温度、压力、流量、液位、阴保、可燃气体检测、视频等数据实时采集，实现了自动巡检、无人操作、远程控制，实现了储运生产的智能化集中调控管理。油气运销实时数据自动采集框架如图 2-2-15 所示。

2. 油气运销动态数据人工采集

　　针对油气运销管道巡检、站场巡检、作业执行和作业检查等 4 类工作，开展业务流程规范建设和业务数据标准建设，建立了油气运销现场工作标准化体系和标准化信息工作平台。

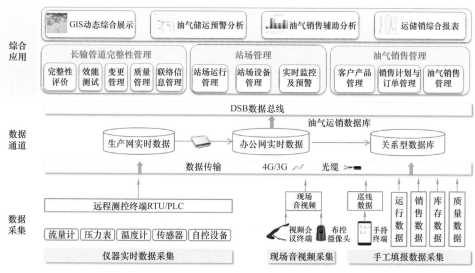

图 2-2-15 油气运销实时数据自动采集框架图

通过定制油气运销业务功能、配置油气运销业务流程和标准，实现了 4 类工作 19 类业务数据源头标准化采集。云化改造巡回检查功能，实现了管道管理、储运站场管理业务数据采集全覆盖。固化并规范储运现场各类操作工作流程，使得各类操作步步提示、步步确认、步步受控，有效提升了储运现场安全运行水平。通过高危作业管理功能，解决了高危作业人工开票填写安全许可证、各种专票耗费时间多、填写不规范、纸张浪费、归档工作量大等问题。通过智能提醒功能，快速引导储运现场人员完成高危作业数据填写，实现现场签字与定位，确保现场高危作业安全的同时完成现场动态数据的采集。油气运销标准化手工采集框架如图 2-2-16 所示。

五 水电供应现场数据采集

水电供应现场数据采集分为物联网自动采集和标准化人工采集两种方式。水电供应现场中电力供应数据基本实现自动化采集，供水数据自动化采集水平较低。通

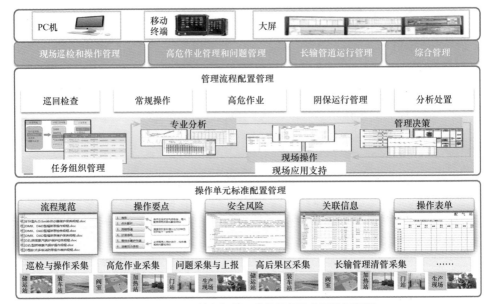

● 图 2-2-16　油气运销日常数据标准化采集框架图

过完善电力系统自动采集与控制仪器仪表，增加水源井供水数据自动采集与控制传感器，推广水电供应现场标准化工作信息平台，实现了水电供应生产数据数字化采集全覆盖。

1. 水电供应生产数据自动采集

水电供应现场依托供电、供水系统前端传感设备、子站控制系统、主站控制系统及传输专网，在变电站、水源井、供水站等 3 大类生产现场实现 16 类水电供应运行数据和视频数据自动采集与实时数据接入，实现了水电供应生产数据自动采集与实时监控（图 2-2-17）。

1）供电实时数据自动采集

在电力系统中对变电站进行电气二次改造，加装自动采集设备，实现远方监测及遥控操作。对电力调度系统进行全面升级，实现地调级智能调控一体化，将油田电网内所有变电站都接入电调系统，实现了电力数据的全自动采集与监控（图 2-2-18）。

由于电力调度系统建立在电力专网，需将电力实时数据接入至油田办公网中的供水供电现场动态库供上层应用。电力实时数据的接入采用数据文件同步方式，由

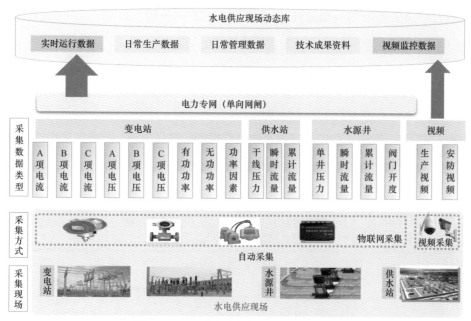

● 图2-2-17　水电供应生产数据自动采集框架

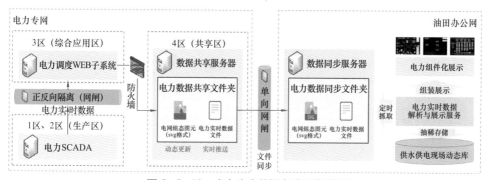

● 图2-2-18　电力生产数据自动采集流程图

电力调度 WEB 子系统从电力专网综合应用区以文件形式，经过防火墙，实时推送数据文件至数据共享区的电力数据共享文件夹。通过在电力专网和油田办公网之间架设单向网闸，采用文件同步方式将电力数据文件实时同步至油田办公网的数据同步服务器。

2）供水计量数据自动采集

在水源井补充单井 RTU 系统，新增电磁流量计、压力变送器、电动阀等自动化设备，并增加视频监控摄像机，实现视频监控数据采集，通过远传网络将数据传入水电调控中心，实现了供水计量数据的自动化采集。

2.水电供应动态数据人工采集

借鉴油气生产单元标准化工作信息平台建设经验，建立了油田水电供应标准化工作信息平台，实现了水电供应日常生产数据的标准化采集、现场各项巡检作业、安全生产的精细化管控。数据标准化采集框架如图 2-2-19 所示。

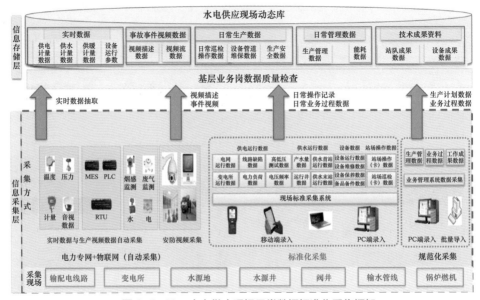

● 图 2-2-19 水电供应现场日常数据标准化采集框架

通过自动与人工相结合的方式，将现场生产业务数据采集工作融入生产操作过程中，将供水供电生产和管理信息纳入统一平台中，减轻一线人员数据采集工作，实现油田供水供电业务标准化数据采集全覆盖，避免数据交叉重复、简化数据采集工作。基于水电业务规范的基础工作管理流程，将水电供应现场生产数据采集与工作标准化相结合，构建生产全过程智能管控模式，保障基层生产全过程、全方位数据统一采集、过程安全受控、数据一致共享，全面提高供水供电基层生产管控能力。

第三节　塔油"坦途"信息公路网

信息公路网络是智能油田的神经系统，为智能油田各类数据共享、软硬件资源共享提供快速稳定传输通道。信息公路网充分依托中国石油广域网资源、油田自建资源和当地社会运营商传输资源，融合有线与无线两种传输系统，以油田 OTN（光传送网技术）为主，以卫星、网桥（5.8GB 数字微波）、4G、WiFi 等无线传输为辅，构建业务办公应用（含工控系统）和公共互联网应用，实现油田生产、生活区域网络全覆盖，满足智能油田信息采集与边缘计算、协同办公、公共信息获取等应用需求。

一　高速传输网

1. 骨干光传输网

信息传输网络是油田基地与勘探开发生产一线联系的主要通道，是业务办公、工业控制、视频监控、视讯会议、电话通信等业务的承载基础。油田信息传输网络经历了从无线微波到长距离光传输、从星型链型网络到环型网络、从低容量低可靠性到大容量环网保护、从承载单一通信业务到复杂种类齐全业务的跨越式发展过程，截至 2010 年末，油田初步建成了覆盖主要油气生产单元的 2.5G SDH 光传输网（局部 622MB）。

2011 年后，油田物联网建设稳步推进，生产网、办公网、公共信息网"三网"分离，油气生产现场标准化实施，安防维稳、公安消防、油气运销等业务对传输带宽和质量要求不断提升，SDH 光传输网的缺陷逐步显现。

（1）传输带宽受限。SDH 光传输系统最大带宽只能升级到 10GB，不能满足多数油气生产单元对办公网、公共信息网、生产网、数字电视、生产视频、公安消防、安防维稳监控等大颗粒业务的实时传送。

（2）网络结构不合理。原有 SDH 光传输网大都随油田产能项目而配套建设，缺乏总体规划和专业化设计方案，网络拓扑呈星型结构，遇故障后自愈能力差，网络传输安全性和稳定性得不到有效保证。

（3）业务调度不灵活。SDH光传输系统一般采用逐级复用方式封装和传送业务，设备板件利用率不高，业务配置过程冗长，业务调度的灵活性不强。

（4）管理开销大。SDH传输系统特有的帧结构，决定了在传输过程中非业务的管理字节开销比重过大，实际带宽利用率仅有80%，即10GB SDH光传输系统有效传输带宽仅有8192MB。

PTN主要存在设备稳定性不高、网络互通性差、传输延迟长、时钟同步性能缺失等不足，且业务在传输过程中无法做到物理隔离，仅用于油气管道业务传送。

基于以上原因，2012年油田采用OTN启动了光传输骨干网建设。OTN集成了SDH/MSTP、WDM（波分复用）技术的优点，集超大容量带宽传送、多业务综合接入、业务的物理隔离属性、灵活的调度和保护功能、丰富完善的OAM及适用多种组网结构于一身，适用于宽带化背景下的GE以上大颗粒业务的传输。带宽容量大、自动化程度高、自愈能力强的OTN技术已成为光骨干传送网主流技术，它同时具备完善的多速率和业务复用、自动光波长调度能力。这些技术优势促成OTN传输技术成为光传输网更新换代的首选技术方案。在塔里木智能油田建设中，OTN成为建设骨干光传输网、保障信息传输安全畅通的首选技术。

塔里木油田光传输网以OTN为主，SDH、PTN为辅。OTN光传输系统建成后，油田光传输网的骨干层主要由OTN网元组成，由于采用了管道同沟敷设和架空电力光缆建设OTN环网的技术路线，油田骨干光传输网在链路灾备、系统冗余、故障自愈等方面的能力进一步增强，形成了库尔勒基地—塔西南—塔中—库尔勒基地的高速可靠大环网（图2-3-1）。与此同时，原有SDH、PTN退居传输网的汇聚层，主要为油气生产单元与周边大型场站和沿线管道站场之间提供622M～2.5GB汇聚传输带宽。

油田OTN骨干光传输网贯穿塔里木盆地，覆盖东西1200千米、南北800千米广袤的油田探区，干线光缆总长4673千米。OTN骨干光传输网采用40×10GB系统，系统容量40波，单波速率为10GB、网络总容量为400GB，每个油气生产单元落地带宽为 10GB，覆盖塔里木油田基地和主要油气生产单元，用于承载油气生产单元至基地办公网、公共信息网、生产网、数字电视、生产视频、公安消防、安防维稳监控等大颗粒业务应用。

优化完善后的 SDH 网络全部形成冗余保护，网络主体拓扑由星型按区域优化为 5 个小型环网，较大程度提升了网络安全性和灾备能力，传输带宽一般为 622M～2.5GB，重要网元通过 OTN 接入油田传输网络，可以提供 1000MB、100MB 和 2MB 颗粒接口，用于承载油气生产单元和周边大型场站至基地办公网、生产网、公共信息网、语音通信、数字电视等各类业务。PTN 的主要网元与油气生产单元 OTN 设备的 10GB 接口连接，可以提供 1000MB、100MB 和 2MB 颗粒接口，承载油气生产单元和沿线油气管道站场的办公网（含工控子网）、公共信息网、语音通信等业务。

2. 支线传输网

塔里木油田充分整合油田现有信息通信资源，尽可能利用国内电信、移动、联通等公网链路资源，融合卫星通信、无线网桥、4G、WiFi 等通信技术构建支线传输网，重点满足钻完井现场和油气生产单元井、间、站库等边远生产区域的数据传输、视频传输、移动电话、无线上网等需求。

1）卫星传输

建成卫星主站总带宽 54MB，具备接入 200 套站的通信能力；卫星小站 40 套，小站单站平均带宽 1.6MB，最大带宽 8MB。通过卫星与云基站组合方式，卫星主站与小站主要部署在非常偏远且周边没有可利用的通信资源的钻完井现场，保障钻完井现场生产数据、视频传输、员工交流以及重点生产场所安保维稳和应急通信需要。卫星传输系统部署结构如图 2-3-1 所示。

卫星传输系统对环境适应能力强，不受地形和传输距离限制，安装周期短、开通方式灵活，但同时存在建设成本高、运行费用高、用户上网体验受限的缺点。经过近年来的不懈探索和实践，塔里木油田在解决钻完井现场生产通信和员工交流问题时，已经总结出了一套完整的经验，即尽可能优先部署网桥，对于过于偏远和遮挡严重无法部署无线网桥区域，再考虑部署卫星小站。

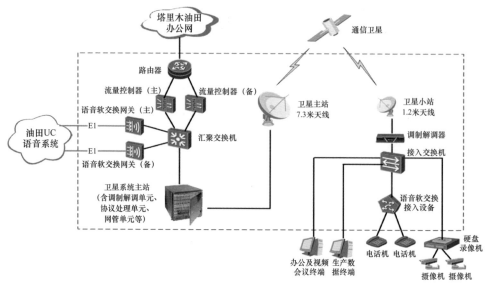

● 图 2-3-1　卫星传输系统部署结构图

2）无线网桥

无线网桥属于数字微波通信的范畴，是一种无线网络的桥接设备，利用无线传输方式实现在点对点或者点对多点的无线通信，工作频段 5.8GHz。无线网桥具有免申请频段，具有实施部署快捷、带宽高、低延迟、组网方式灵活的特点。

对于周边存在可利用通信资源的钻完井现场，采用无线网桥技术，就近接入地面光纤传输网络，最终实现生产通信接入油田办公网、员工交流就近接入互联网。对于覆盖范围小于 15 千米范围内的井场，一般采用点对多点方式组网，中心站采用 750Mbps 配置，单井传输带宽一般可以达到 50Mbps 以上。15～20 千米以内井场，一般采用点对点方式组网，远端站带宽一般不低于 30Mbps。对于运营商信号弱覆盖或无覆盖井场，通过无线网桥就近接入运营商互联网和营区 WiFi 覆盖，解决员工通信交流需求。图 2-3-2 为井场无线网桥接入方案示意图。

3）工业 4G

塔里木油田累计建成 32 套 TD-LTE 4G 基站，拓扑图如图 2-3-3 所示，主要用于组建油气生产物联网，实现了油气生产区域全覆盖，满足了生产实时数据自动采集与上传、基层站队标准化作业动态数据移动采集的需求。

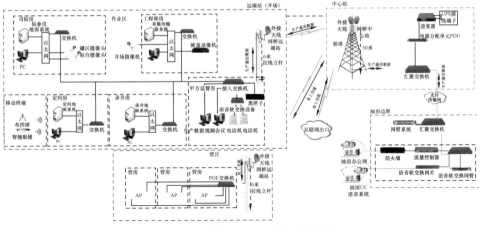

●　图 2-3-2　井场无线网桥接入方案示意图

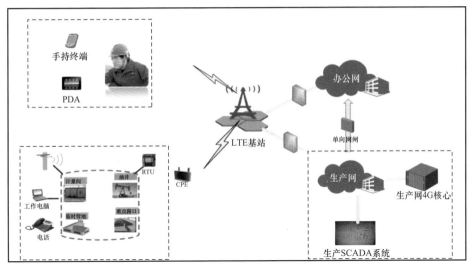

●　图 2-3-3　4G 网络传输系统拓扑图

4）WiFi

WiFi 是一种利用无线技术进行数据传输的短程无线传输技术，能够弥补有线局域网络的不足，以达到网络延伸之目的。室内 WiFi 一般有效覆盖半径为 90 米，传输频段分为 2.4GHz 和 5GHz。塔里木油田主要使用 WiFi 技术解决公共信息网的无线接入问题，WiFi 现已覆盖了油田大部分生活区域，基本满足了员工上互联网的需求（图 2-3-4）。

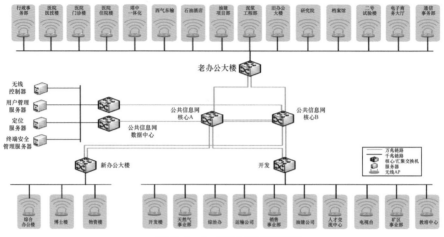

● 图 2-3-4　WiFi 部署架构图

二　网络应用功能划分

1. 办公网

办公网实行统一架构、统一部署、统一管理，形成一套"AB 双核心、25 个汇聚"的统一管控的网络架构（图 2-3-5）。

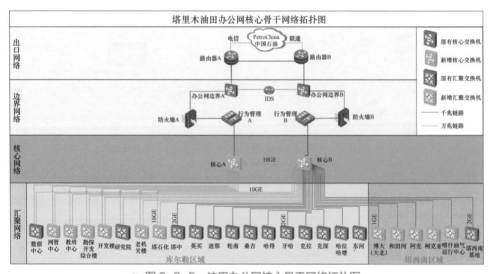

● 图 2-3-5　油田办公网核心骨干网络拓扑图

2. 工控网（办公网子网）

油田工控网主要用于生产自动化控制与通信，不同工控系统之间相对封闭，具有较高的安全要求。塔里木油田油气生产井、间、站（厂）、集输与长输管线阀室、水电供应等生产设施均建设工控网络，满足工业控制系统的需求，工控网络通过单向网闸和办公网相连，实现数据的单向传输（图 2-3-6 和图 2-3-7）。

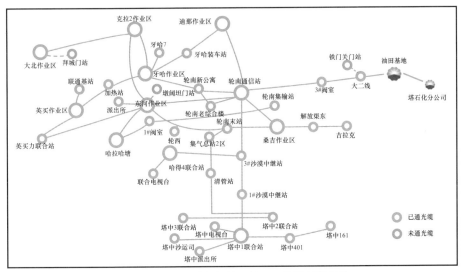

● 图 2-3-6　油气运销工控子网络覆盖示意图

3. 公共信息网

油田公共信息网实行统一架构、统一出口、统一部署、统一管理、统一安全管控，已建成一套"AB 双核心、18 个汇聚"的公共信息网，满足油田移动办公、石油党建及互联网业务需求，网络架构如图 2-3-8 所示。人员密集的生产、生活区域采用无线 WiFi 覆盖满足终端用户接入。

三　网络资源标准化管理

通过实施光缆等基础资源数字化、可视化、专业化、标准化管理，提高了通信光缆的安全性和可靠性，提升了光缆等全域网络资源配置和共享效率，保障了智能油田信息传输的高速稳定。

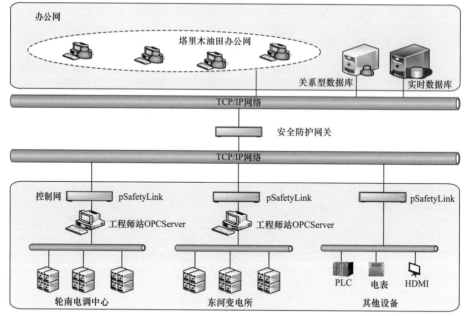

● 图 2-3-7　电力调度工控子网络示意图

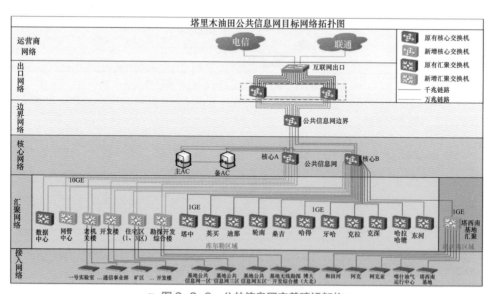

● 图 2-3-8　公共信息网完善建设架构

　　一是资源普查建档。对油田 7000 多千米光缆、4 个通信和网络中心机房、18个汇聚机房、158 个接入机房、7000 多台通信和网络设备、杆路及电缆等线路资源进行全面普查、建档、入库管理，实现机房、设备、线路等通信资源数字化管理。

二是统一各类资源标识。整改故障高发地段光缆线路，重要段落埋设电子标识；针对光缆缺陷和损坏、不规范穿越河道、村镇、农田的情况以及非规范布线情况，将光缆改为架空敷设，避免光缆人为或自然灾害多次损伤。

三是网络资源可视化管理。建设油田网络资源统一可视化管理平台，对油田线路、站点、机房、机柜、设备、板卡、端口等资源进行线路质量监测，实现网络资源统一监控管理。

第四节 塔油"坦途"计算与存储资源池

计算与存储资源池相当于人类具备记忆与计算能力的大脑细胞一样，用于存储数据和计算分析数据，在智能油田中满足云计算、云存储对高性能计算服务器、高速大容量存储的需求。近年来油田逐步淘汰高成本的小型机数据库环境和低效高耗的单机应用环境，建设了高稳定、高可靠、高性能的数据库集群和高敏捷、高安全、易扩展、可视化的虚拟化计算集群，技术应用的升级转型消除了设备单点故障，提高了设备利用率，降低了运维成本；引进了高端全闪存存储和分布式对象存储，存储系统由统一存储向分布式存储扩展，能更好地支持数据银行、区域湖、梦想云等云服务；改造、新建油田数据中心机房，消除了潜在的安全隐患，提升了机房标准化水平，扩大机房容量，满足智能化油田长远发展的需求。

一 计算资源池

1. 数据库集群系统

油田运行的各类 ORACLE 数据库，主要部署在 IBM、ORACLE 小型机等设备上，系统版本多样、零星分布、各成体系，运行环境性能参差不齐，存在单机单点故障且系统复杂封闭，运维成本高昂，一旦发生系统或设备故障，存在应用服务中断或无法快速恢复服务的风险。为提升现有数据库架构，弥补传统部署环境短板，油田在 ORACLE 数据库一体机和数据库集群两套在业内都有很多成功案例的成熟方案间作对比。

ORACLE 数据库一体机在数据库性能方面具有优势，ORACLE 对自身设备的全面优化使其在同等配置下，数据库查询、访问等速率达到了极致，但深度优化、专业定制的封闭式软硬件系统使得硬件扩展和日常维护工作只能依赖于原厂工程师，并且一体机的价格极其高昂。

数据库集群在同等硬件配置下价格只有一体机的 1/5，并且在硬件扩展性方面更加灵活，可随时在线增加新节点以扩展集群计算能力。运维成本低廉且相对简单，现有数据库及操作系统管理员即可胜任日常运维工作，而不需要依赖原厂工程师，可以有效避免核心业务设备"卡脖子"问题。随着信息技术的发展，小型机已经走向没落，基于 X86 平台的高性能数据库集群代表着今后发展的方向。

鉴于以上原因，油田中心机房最终选择使用性价比高、运行维护成本低的 X86 服务器构建油田数据库集群平台。将单机数据库升级为集群环境，部署建设 2 套生产集群和 1 套容灾集群（图 2-4-1），实现油田核心数据集中统一管理，应用成效显著。

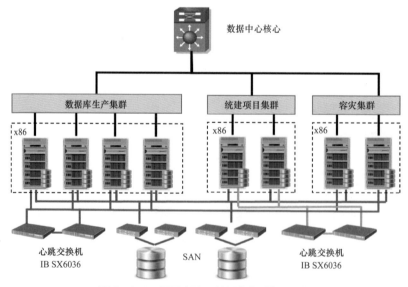

● 图 2-4-1　塔里木油田数据库集群部署构架图

一是通过数据库版本升级，消除部分数据库安全隐患，采用多租户架构重构数据库实例，实现数据库级别热插拔，提高了数据库容错管理能力和运维灵活性。

二是通过数据库优化部署，数据库访问性能显著提升，SQL 查询效率从500～600 微秒 / 笔提高到 200 微秒 / 笔。

三是采用数据库同步复制技术，实现油田数据库数据无宕机迁移和应用无缝割接，将迁移过程对业务系统影响降低到最低程度。

四是理清了数据库与应用系统、存储之间的关系，建立了完整的数据库台账，实现了数据库节点在线扩展、硬件故障自动切换，奠定了良好数据库应用基础。

2. 服务器虚拟化平台

油田计算资源建设可分为单机应用、集中部署、计算虚拟化三个阶段，当前正处在资源池化和云服务的建设阶段。

单机应用（2008 年前）：在油田信息化建设初期，各职能部门和基层单位根据自身业务需要，自发开发各自的业务系统、配置独立的基础运行环境，服务器以台式计算机、PC 服务器、小型机等设备为主，每个应用系统都具有特定的操作系统和管理人员，通常还需要一个开发和测试环境。设备部署数量多，物理位置分散，系统的灵活性、可靠性差，数据不能很好互通和共享，系统运行水平较低。这种各自为政的模式越来越不能满足油田信息化建设的需求，甚至成为油田信息化发展的瓶颈。

集中部署（2009—2011 年）：2002 年油田以承担国家"十五"重点攻关项目《塔里木数字油田示范系统研究》为契机，并在中国石油和油田公司信息化建设的总体要求下，合并整合各职能部门的小机房，建设油田集中统一的数据中心，从物理上将设备集中起来，优化整合资源，引进刀片式服务器，在设备数量大幅减少的情况下，业务承载能力和运行保障能力却得到极大的提升，本阶段油田的计算资源建设，前端应用以 PC 服务器为主、后端数据库以小型机进行保障，较好地支撑了油田信息化发展。

计算虚拟化（2012—2020 年）：随着油田信息化建设的不断发展，上线系统逐年增多，数据量飞速增长。有限的机房空间难以满足服务器对物理空间增加的需求，而服务器资源的利用效率低下也是一直存在的诟病，如何在有限的空间提高部署能力，进一步提升服务器资源利用率成为解决问题的突破口。2011年通过技术摸底、产品摸排、可行性论证等工作，确立使用服务器虚拟化的技术方向。经对比优选引进VMware服务器虚拟化技术，率先在油田系统内建成并投用服务器虚拟化平台。因其产生良好运行效果、用户体验和经济效益，后经多次扩容和技术改造，较好解决了油田中心机房空间不足、服务器资源利用率低、运维管理难度大等问题，使油田计算资源发生了质的变化。

2012年，油田虚拟化一期建设基于12台主机服务器构建1个站点2个计算集群，承载虚拟服务器146台；2014年，虚拟化二期建设基于24台主机服务器构建2个站点4个计算集群，承载虚拟服务器258台；2015年，虚拟化三期建设基于42台主机服务器构建3个站点4个计算集群，承载虚拟服务器400余台，至此，油田95%的应用系统在虚拟化平台运行，计算资源综合利用共享能力大幅提升。

2019年油田进入高速发展期，原有的虚拟化架构、运行模式和承载能力已不能很好地满足发展需要，针对业务应用资源需求，快速响应、敏捷交付，具备向私有云、容器云、行业云扩展能力等要求，结合技术发展方向重新规划设计虚拟化平台架构，并于2020年开展了虚拟化平台系统升级改造实施工作。通过改造优化了系统架构、整合系统资源、健壮网络环境，分布式防火墙的部署极大提高平台系统的安全性，Vsan分布式存储及原生的Dock支持为云平台和微服务应用提供运行环境的保障，平台的承载能力和资源质量大幅提升，为数据银行、数据湖建设以及梦想云落地部署提供有力的支撑，前瞻性的双站点SDDC数据中心架构设计以及平台的灵活性、扩展性为油田IAAS平台建设夯实了基础（图2-4-2）。2020年，基于46台主机服务器构建的1个数据中心5个计算集群，已承载虚拟服务器700余台，同时具备约500台虚拟服务器的扩展能力，油田"坦途"数据银行与区域数据湖都部署在此环境上。

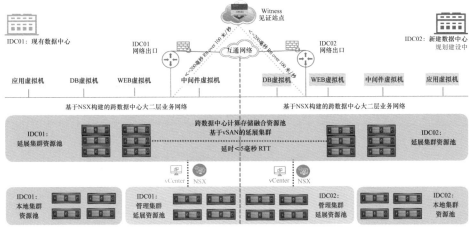

图 2-4-2 服务器虚拟化平台构架图

二 存储资源池

存储系统从 DAS 存储发展到 NAS 存储、SAN 存储、分布式存储，其中分布式架构存储系统正成为业界存储主流和发展方向。随着油田非结构化、海量数据爆发式增长，如物探地震数据，处理、解释数据、地震道集、炮集数据，各专业应用的成果数据以及基于海量数据的分析、挖掘等，传统集中式存储无论从架构、扩展性、性能、成本、运维管理等方面，都无法满足业务增长及数据处理带来的存储问题。

分布式存储前端对应的直接式应用协议，如 NFS、CIFS、HTTP、HDFS 等协议，协议通过分布式文件系统进行数据处理，变成对应的存储数据文件协议，由数据算法进行切片进行数据保护及数据分配，最终数据被分散存储在各个硬件节点上，而这些分散的数据实现共享并不需要搭建专门的高速网络，仅仅需要固有的以太网。图 2-4-3 是分布式存储的逻辑架构。

SAN 存储通过 FC 交换机连接服务器与存储实现本地共享，但是服务器端横向扩展越多，数据库越大，读取数据都得通过交换机到存储这条专用高速链路，必然出现瓶颈效应。

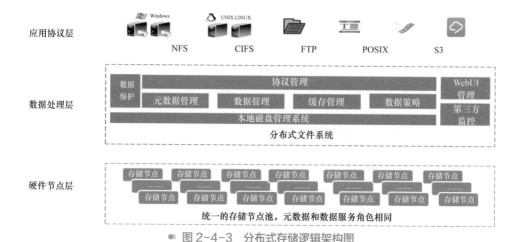

● 图 2-4-3　分布式存储逻辑架构图

图 2-4-4 为地震资料处理解释一体化的真实组网场景。复杂的 SAN 网络为了实现冗余链路及高带宽需要错综复杂的链路及硬件设备的投入，横向每增加一个应用服务就需要增加 2 条链路及对应的交换设备，一旦规模继续增大，将无法进行支撑，同时错综复杂的拓扑结构使得解决链路故障和排错难度很大，也给运维带来了极大的困难。

传统 SAN 存储与分布式存储往往基于各自的特点应用到不同的业务场景，分布式存储的主要优点如下。

一是高可扩展性。基于 SAN 的集中式存储 FC SAN/IP SAN 采用 Scale up 的扩展方式，通过存储控制器挂接扩展柜的方式，实现存储容量的扩展，扩展能力有限，并且性能随着容量扩展呈非线性关系，存储空间资源不能动态调整，通常适用于限定规模范围服务器的高性能需求，无法横向扩展；分布式架构存储系统，采用横向扩展方式，无节点扩展限制，存储容量可轻易扩展至几十甚至几百 PB 以上，且存储空间资源可以根据应用动态分配及调整，性能随着节点数量的增加线性增加，能够很好满足如并行处理计算架构下海量地震数据存储及处理对存储资源池可动态伸缩及并发访问性能要求。

二是高性价比。由于采用软件定义存储方式，无论是使用成本还是后期运维管理，比传统集中式存储 FC SAN/ IP SAN 优势明显，从使用成本来说，SAN 架

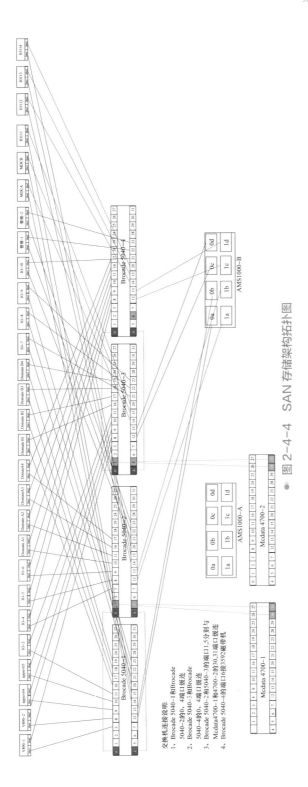

图 2-4-4 SAN 存储架构拓扑图

交换机连接说明:
1、Brocade 5040-1和Brocade
5040-2的0、4端口级连
2、Brocade 5040-3和Brocade
5040-4的0、4端口级连
3、Brocade 5040-2和5040-3的端口11,5分别与
Mcdata4700-1和4700-2的端口30,31端口级连
4、Brocade 5040-4的端口16接3592磁带机

构的高性能存储折合到 1TB 的使用成本在 1 万元以上，而分布式存储 1TB 的使用成本仅 3 千元左右。而从管理运维来说，分布式存储可轻松实现跨数据中心资源分配。集中式存储系统仅仅通过 FC 链路在本地小规模的应用场景下提供为数不多高性能服务器使用，随着规模扩大，FC 链路或者跨机房的网关往往更易成为性能瓶颈且投入较大。

三是高安全性。分布式架构存储系统基于纠删码技术来实现对数据的保护，Erasure Code（EC），即纠删码，是一种前向错误纠正技术，它可以将 n 份原始数据，增加 m 份数据，并能通过 $n+m$ 份中的任意 n 份数据，还原为原始数据。即如果有任意小于等于 m 份的数据失效，仍然能通过剩下的数据还原出来。而集中式存储往往采用双活架构实现容灾，不仅初期投入成本高，且运维部署复杂。

四是高可用性。分布式存储的并发读写性能优势突出，能较好满足应用对高并发、大数据量的吞吐能力需要，随着油田应用"云化"和"微服务化"发展，支持 S3 协议的分布式对象存储能更好地适用于油田"梦想云"平台各应用的部署，更适用于解决海量大文件存储问题。

诸如以上原因，同时考虑到未来两地三中心的灾备体系建设，实现油田核心数据的同城、异地备份，塔里木油田的海量非结构化数据存储系统建设采用分布式存储架构无疑是最优的选择。分布式存储不擅长的是 SQL 查询，表单关联以及结构化数据将采用性能更高的全闪存存储系统进行补充，从而形成高低搭配、数据分级、分层管理的综合应用场景。

2020 年，塔里木油田为满足结构化数据高性能和非结构化数据大容量、易部署、可扩展对存储系统的需求，通过引进高端全闪存存储和分布式存储，初步完成云存储资源池建设，满足智能油田建设和运行对存储资源的需求，实现高低搭配、业务存储分层管理目的，有效降低存储使用成本、解决了存储空间不足问题。

部署一套业界领先的全闪存存储，可用容量 130TB。全闪存存储主要用于数据银行、数据湖中结构化应用以及油田各类结构化数据库运行，其高性能、高可靠的架构及硬件冗余，最大限度保证了关键应用的业务连续性，给用户带来更好的访问体验。

部署三套分布式存储，其中 12 节点分布式文件存储 1 套、7 节点分布式文件存储 1 套、10 节点分布式文件存储 1 套。初步形成能有效支撑数据银行、数据湖、梦想云平台等新一代数字油田云应用的存储资源池。

油田存储系统结合"数据银行"的结构化数据特点引入了全闪存存储系统，能够实现对于数据库应用像在本地 SSD 盘的高速读写访问效果，能为数据库集群应用提供高速共享服务，最终为数据湖提供高速、高效、高稳定的服务；针对云平台引入 S3 协议对象存储系统，满足安全性、合规性要求，提供即时查询功能，能够灵活地管理数据，使得云平台应用可以对接 API 接口直接对静态数据进行强大的分析，图 2-4-5 是云存储资源架构图。

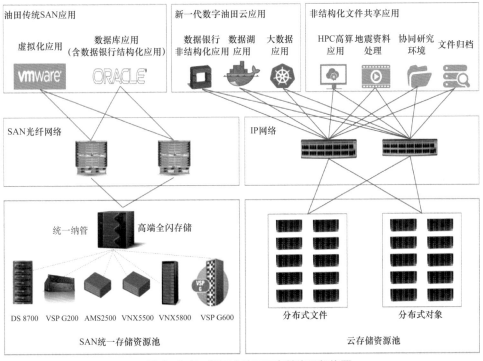

● 图 2-4-5　塔里木油田云存储资源架构图

三　资源池环境

油田中心机房有机柜 97 个，各类型服务器、存储、网络以及光交换设备约 530 台。场地环境支撑能力趋于饱和，且机房场地环境设备经过 10 余年 7×24 小时长期运行，已出现设施老化、性能下降、效率降低等问题，给机房的长期安全运行带来隐患。

为保障设备安全运行、提升机房承载能力，2020 年油田中心机房进行了升级改造，将 2 台 160 千伏安 UPS 更换成 1 台 400 千伏安 UPS 并与原 400 千伏安 UPS 构成 2N 架构，对机房内老旧空调和新风机进行了更换，机房配电由单路进线改为双路进线，新增空调双电源自动切换开关，对所有配电柜进行了整体更换，强弱电线缆由下走线改为上走线桥架敷设，对动环监控系统进行了升级，增加蓄电池及配电开关状态等监控，增加了 5 个汇聚机房监控并接入中心机房动环系统统一管理。通过对油田中心机房的升级改造，消除了配电安全隐患，场地设备老化、冷量不足、动环系统陈旧等问题得以解决。单机柜容量由 4 千瓦升级到 6 千瓦，中心机房安全性、可靠性、适用性、支撑能力大幅提升。图 2-4-6 为油田中心机房动环监控系统图。

● 图 2-4-6　油田中心机房动环监控系统图

第五节　塔油"坦途"区域数据湖

数据库类似于人的大脑细胞中记忆的内容，它的作用是存放各种类型、各种形式的数据、信息和知识。塔里木油田按照建数据库、数据采集、历史资源建设、基本查询应用"四位一体"的原则，在不同的时间阶段，采用不同的技术规范和平台，建设了覆盖较为全面的 40 多个专业库及工作平台。数据资源已经累计达到 344 TB，其中结构化数据 12.26 亿条，文档 267.1 万份，图片 71.3 万张。这种"四位一体"的建设方式，为早期油田生产经营等办公网络化水平的提升起到了立竿见影的效果。

但是，传统的"四位一体"建设方式，按照单个数据库应用系统分开建设，造成应用系统"烟囱"式林立。不同的应用系统，捆绑着不同的应用和采集数据库，要想实现数据的共享，必须各个业务系统开发不同的数据访问接口，数据接口网状分布，难以管理；如果采用直连的方式访问数据库，会造成极大的安全隐患。同时，由于数据采集与质控流程落实不到位，部分专业数据存在缺项、数据不一致、数据重复、数据传输不及时等诸多问题，严重影响了油田生产经营等各领域数据质量和使用效果。

梦想云采用"连环湖"数据战略，部署在中国石油总部的"主数据湖"与部署在油气田企业的"区域数据湖"，通过数据逻辑统一、分布存储、互联互通，形成统一的数据生态。建立油气田企业和总部机关两级数据治理体系，持续推动数据变资产，服务上游业务数字化转型。

遵循总部"连环湖"策略，塔里木油田结合实际特点和需求，设计了统一数据模型，细化油田数据存储及数据流向，形成了以"数据银行"为核心的区域数据湖架构，打破了各专业壁垒和部门隔离墙，实现了数据互联互通以

小　贴　士

五性：数据的标准性、及时性、准确性、完整性、唯一性。

及各领域"金"数据集中统一的存储和管理，开展数据治理，保证了数据的"五性"。在中国石油16家油气田企业率先落地区域数据湖，为"连环湖"战略的探索与实践起到了示范作用。

一 区域数据湖方案演进

塔里木油田区域数据湖方案经历了三个阶段的持续演进，在实践中不断丰富内涵和迭代设计。

第一阶段是总体规划设计阶段。在参考梦想云主湖逻辑架构（图2-5-1）设计的基础上，重点考虑油田全业务链数据资产管理的需求，分析了15个业务领域的数据情况，提出了包含11类主数据、40类结构化数据、3类非结构化数据和8类实时数据的新一代"数据银行"的概念，将油田区域数据湖定义在数据银行之上，作为数据分析加工的功能部件（图2-5-2）。信息采集系统采集的结构化、非结构化和生产实时数据，经审核后将"金数据"存储至数据银行，将需要共享的数据存储到区域湖，通过区域湖去支撑各类业务应用。

● 图2-5-1　梦想云主湖逻辑架构

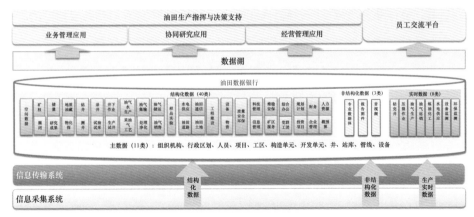

● 图 2-5-2　总体规划区域湖架构

第二阶段为成熟阶段。随着梦想云连环湖建设理论研究的不断深入，参考国家数据治理能力领域的数据管理成熟度评估模型（GB/T 36073—2018）和中国石油数据治理架构，塔里木区域数据湖的内涵不断深化，建设架构逐步进入成熟阶段（图 2-5-3）。

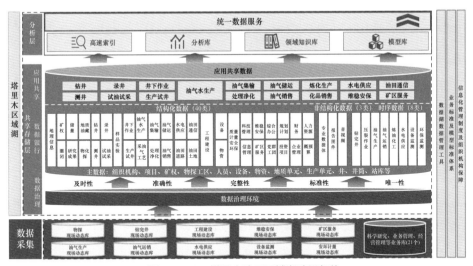

● 图 2-5-3　塔里木油田区域湖建设架构

根据生产现场实际业务现状，围绕生产过程全生命周期标准化一体化管理，规划了 10 个现场动态库，主要支撑业务流程运转，存储业务过程数据，向数据银行和区域湖推送数据资产及共享动态数据。围绕业务管理应用的建设，也规划了 21

个业务库，支撑业务流程在线开展，驱动业务管理和技术成果数据共享与应用。

区域数据湖作为承载数据治理和共享的功能主体，从逻辑结构上包括共享存储层和分析层。首先，强化了数据治理体系，从管理方面增加了油田管理制度、标准规范建设和组织机构保障的建设内容，从技术方面增加了油田数据治理环境，明确了主数据、元数据、数据质量控制工具等数据治理工具的建设内容。

其次，基于源头数据采集与综合应用之间数据共享方案存在数据资产管理与高效共享之间数据时效性矛盾问题，例如：油气生产现场标准化采集与油藏工程综合分析报表应用建设的数据共享方案论证过程中，发现单井日生产、日注入、机采工况等动态数据类型并未上升到数据资产管理的高度，但是需要更加高效的共享，以便于在油藏工程报表等应用实时进行分析计算，因此在共享存储层中数据银行之上增加了支持动态数据快速共享的应用共享层。

最后，借鉴梦想云主湖环境的实践经验，参考了阿里数据中台架构，对分析层的结构针对设计支撑应用能力的差异进行了细化设计，形成了包括支持主题数据服务的高速索引，支持大数据分析的分析库，支持知识应用的领域知识库和支持人工智能算法服务的模型库的设计方案。

第三个阶段为企业级数据生态阶段。通过一年多的建设实践，塔里木区域湖的实际落地方案进一步完善，将紧密相关的部分集成融合，区域湖建设方案进入企业级数据生态阶段。

随着数据标准化采集和业务应用建设的开展，动态库和业务库的标准设计与管理，数据入湖通道的建设与监控，应用产生的新的成果数据的归档与共享，这些问题成为需要顶层设计解决的内容。因此，区域湖建设方案将 10 个动态库和 21 个业务库作为数据源头纳入整体架构，同时丰富了数据银行的内涵，数据银行包含所有动静态共享数据资产，区域湖管理功能分为了数据治理和数据湖管控两部分。至此，塔里木区域数据湖逻辑架构是一个完整的数据采集、治理、存储、共享应用的企业级数据新生态（图 2-5-4）。

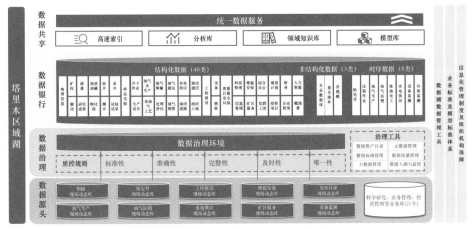

●　图2-5-4　塔里木油田企业级数据新生态

二　区域数据湖建设

塔里木区域数据湖的建设按照数据采集、数据治理、数据银行、数据共享四个环节进行落地。通过区域湖管理工具保障数据生态的统一管控与运转，构建塔里木油田数据新生态。

1. 采集源端统一

动态库覆盖源头数据的统一采集，油田设置10个现场动态库，主要满足边缘层自动采集数据和人工采集数据的即时存储以及生产现场应用需要；业务库负责数据分析及成果产出，油田设置了21类业务库，支撑业务管理和科学研究过程数据的存储和基本应用。

按照生产现场和办公现场类型，物理上部署10类现场动态库、21类业务库，取代竖井式专业数据库。动态库和业务库用于承载业务流程及其相关的数据采集等活动，清晰界定数据治理职责，满足现场及业务应用实时数据、日常生产数据、日常管理数据、技术成果数据存储需要。现场动态库/业务库遵循以下建设原则。

（1）现场动态库数据结构必须在《塔里木油田数据模型设计规范》指导下统一设计。

（2）各类现场动态库业务边界清晰，不存在重复存储现象。

（3）主数据必须来源于数据银行。

（4）原则上"金数据"结构要和数据银行保持一致。

2. 数据治理体系建立

油田制定了数据治理工作机制，明确了数据"五性"的保障措施，有序推进数据治理工作。数据"五性"保障措施见表2-5-1。

表 2-5-1　数据"五性"保障措施表

"五性"	关注点	控制环节	技术措施	管理措施
及时性	数据即生即采，即采即审	数据源头	①源头采集规范须落实责任主体及时限要求。②数据提交和审核环节包括及时性检查、提醒。③定期检查及质量公报	①落实责任单位、采集、审核岗位。②制订考核措施
完整性	①数据项必填。②表间数据关系。③数据记录是否缺失	①数据源头。②数据治理环境	①采集规范落实完整性规则。②模型设计时落实数据之间逻辑关系。③采集数据提交时，实现完整性检查（必填、关系、有单调属性记录检查单调性）。④采集系统强化审核辅助功能开发	①明确业务部门审定数据质量规则的职责。②建立以用促治、源头数据更新的数据循环机制。③落实数据审核人员岗位及要求。④制订考核措施
准确性	①数值型数据值域范围。②计算字段计算公式。③业务数据规律性。④数据内容填报是否完整准确	①数据源头。②数据治理环境	①源头采集规范落实准确性规则。②数据提交前进行准确性规则检查。③根据数据规律性采取数据可视化手段等辅助检查。④采集系统强化审核辅助功能开发	①明确业务部门审定数据质量规则的职责。②建立以用促治、源头数据更新的数据循环机制。③落实数据审核人员岗位及要求
标准性	①数据内容展现规范化。②实体属性规格和属性集规范化。③主数据信息、隶属属性的引用	①数据源头。②数据治理环境	①源头采集规范落实标准性规则。②公共规范值由数据银行提供引用。③主数据及属性信息由数据银行提供引用。④采集界面设计采用下拉选择	①明确业务部门审定数据质量规则的职责。②业务人员在数据录入时遵从标准化规则

续表

"五性"	关注点	控制环节	技术措施	管理措施
唯一性	①同一业务数据在企业数据生态内的一致性。②应用的主数据必须与数据银行主数据一致或具有对应关系。③数据记录不存在重复	①数据源头。②数据治理环境	①一体化数据模型。②设计包含业务自然键，检查数据重复。③对于同一业务数据在数据银行统一管理，基于区域湖统一共享服务。④主数据统一管理，权威发布。⑤数据提交前进行唯一性规则检查	①从制度上建立基于数据银行和区域湖的主数据、业务共享数据统一管理和统一服务的模式。②业务部门负责组织数据问题的治理

数据治理框架应以数据应用为核心，通过"以用促治"，推动历史数据和新数据的治理工作，工作框架如图 2-5-5 所示。

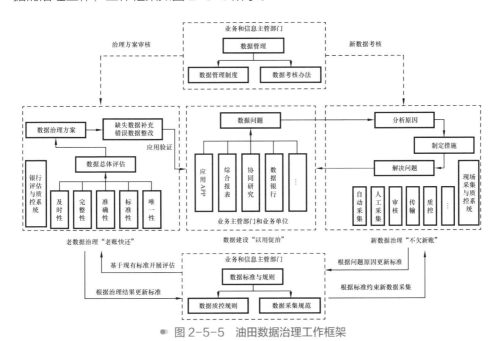

● 图 2-5-5　油田数据治理工作框架

历史数据治理遵循查缺补漏、整体提升的原则，围绕数据"五性"制定整体数据评估办法，根据评估结果，开展整体数据治理工作，确保"老账快还"。历史数据治理流程见表 2-5-2。

表 2-5-2　历史数据治理流程说明

工作阶段		支持单位工作内容	业务部门工作内容
数据评估		根据数据评估方法，开展数据评估工作，并产生数据质量评估报告	需要相关系统访问权限；需要提供油田相关系统的访问权限，或者相关数据资料，以获取评估基准信息
数据治理方案	数据源确认	落实数据整理的数据源头	由勘探部、评价部、开发部等业务部门牵头组织，落实不同业务数据的数据源
	工作量落实及审核	对接存量数据源（一般为档案馆和研究院），落实存量数据。项目组编制详细治理方案及工作量	业务管理部门及信息主管部门审核确认治理方案
数据治理方案	数据整改	根据油田数据相关标准，对数据源数据进行整理、编辑、标准化整改等工作，主要包括缺失数据补充和错误数据整改	对于不符合标准的数据，缺项少项等数据，需要业务相关部门共同确认
	数据入库	整改后的数据入库	
数据应用		历史数据治理完成后，通过"以用促治"验证治理结果	业务部门使用应用 APP、报表、协同研究等应用，通过应用发现数据问题
标准更新		通过治理过程中切实的数据问题反馈，对数据标准如数据模型、质控规则、采集规范等进行更新	业务部门要参与其中并确认

新数据治理应遵循及时响应、快速分析、举一反三、分类解决问题的原则，通过应用发现问题、分析原因、制定策略、解决问题、应用验证的流程机制，在问题解决中通过对数据标准的修订和完善，确保数据质量"不欠新账"。新数据治理流程见表 2-5-3。

表 2-5-3　新数据治理流程说明

工作阶段	支持单位工作内容	业务部门工作内容
原因分析	根据应用过程中反馈的数据问题，及时进行原因分析，通过原因溯源，确定落实问题环节，如采集环节、审核环节或者传输环节等	在数据应用过程中，及时准确反馈应用问题
制定措施	措施分为解决问题措施和改进措施，针对问题出现的不同环节，或多个环节，制定不同措施，且措施应针对一类数据问题，而不仅仅针对当前发现的某个数据问题	业务部门应参与措施制定，并进行评审

工作阶段	支持单位工作内容	业务部门工作内容
解决问题	根据措施具体解决数据问题，包括但不限于，采集系统完善、质控功能完善、审核功能完善等	业务部门使用应用 APP、报表、协同研究等应用，通过应用发现数据问题
数据应用	问题解决后，通过"以用促治"验证解决情况	业务部门使用应用 APP、报表、协同研究等应用，通过应用发现数据问题
标准更新	通过原因分析，对数据标准如数据模型、质控规则、采集规范等进行更新	业务部门要参与其中并确认

信息与业务主管部门主导数据治理工作开展，并定期开展数据的评估与考核工作。

数据管理支持部门和业务部门应配合开展数据评估、采集问题分析等各项具体工作。

新数据在动态库及业务库进行纵向的业务数据质控，数据审核通过后，按照数据银行模型标准调用入湖接口传入治理环境，在数据治理环境中通过质控管理工具对入湖的核心数据资产进行多维度全方位扫描，发现错误数据并定位，生成质控报告，反馈给数据源端进行数据治理，通过审核后重新入库。

历史数据在专业库中进行集成，数据审核通过后，使用 ETL 工具进行数据迁移至贴源层进行数据标准化治理，然后按照数据银行模型标准进行数据迁移至治理环境，和新数据质控一样，质控管理工具会对入湖的核心数据资产进行扫描，发现错误数据并定位，生成质控报告，反馈给数据源端进行数据治理，通过审核后重新入库。

3. 数据银行建设

数据银行定位为存储油田的核心数据资产，起到了承上启下的核心作用。动态库中采集源端数据和业务库数据分析成果数据通过业务审核后，需要在全油田共享的技术成果数据作为"金数据"存储入数据银行，实现企业级结构化、非结构化、时序及空间数据资产管理，通过主数据的强流程集中式管理和专业数据的治理，形成满足"五性"要求的"金数据"资产。通过数据字典编制、数据模型设计、数据入库入湖、全面数据治理、数据服务发布等工作，逐步完成塔里木油田数据银行的建设，为数据应用奠定基础。

1）业务字典编制

根据中国石油勘探开发数据规格标准（Q/SY 01018）、油气勘探开发数据结构 EPDM 模型（Q/SY 10547），结合专业库字典及调研需求，进行业务融合，形成塔里木油田数据银行业务数据字典规范，开展物化探、井设计、钻井、录井、测井、试油、井下、分析化验、油气生产、生产测试、地质油藏、矿权、储量、采油气工艺、设备管理、地面工程等 40 个专业业务字典编制。

2）数据模型设计

以业务数据字典为基础，基于中国石油 EPDM 模型，按照面向对象数据模型设计方法，设计油田主数据及业务数据模型。

（1）主数据模型设计。

主数据是跨系统、跨部门进行共享的且具有可运维价值的核心业务实体数据，是在整个企业范围内各个系统间共享的、价值高的数据，也称企业基准数据。主数据通常需要在整个企业范围内保持一致性、完整性、可控性。主数据不光指需要共享的数据，更包含需要共享的业务规则和策略。图 2-5-6 是主数据分析思路。

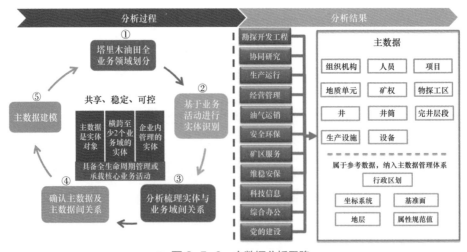

● 图 2-5-6　主数据分析思路

按照国家标准 GB/T 36073—2018 中主数据的定义，结合油田业务需求分析主数据 11 类，链接全业务领域数据；结合数据模型设计理念，共设计主数据管理模型 33 张表。

核心实体：包括组织机构、人员、矿权、地质单元、项目、物探工区、井、井筒、生产层段、生产设施、设备 11 类。

附属实体：包括岗位、生产单元、站库、管线 4 类。

参考数据：包括坐标系统、基准面、标准地层层序、属性、属性规范值（包含各专业参考代码值）5 类。

派生数据：包括组织机构隶属、地质单元历史信息记录、生产单元明细、井作业阶段、井历史信息记录、井要事记录、工区业务关联表、变更信息表、位置、边界、实体间关系表等 13 类。

11 类核心实体为整个主数据模型的骨架，核心实体关联次一级的 4 类附属实体，实体与实体间相互关系，形成整个主数据模型的脉络，同时 5 类参考数据作为行业固有的数据属性，纳入主数据管理体系，规范各专业数据标准。13 类派生数据为主数据的管理需求、应用需求提供数据支撑，有效保障主数据的采集、集成和应用。主数据 E-R 关系图如图 2-5-7 所示。

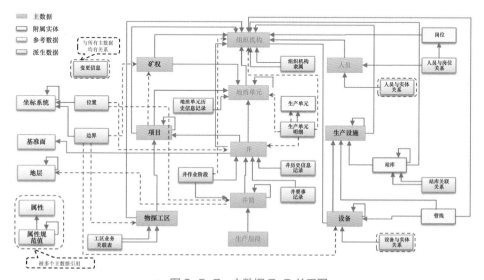

● 图 2-5-7　主数据 E-R 关系图

（2）业务模型设计。

业务模型设计遵循以下原则。

一是遵循 EPDM 模型成果。EPDM 模型是中国石油 10 余年不断建设优化的成果结晶，是上游勘探开发生产管理的基础数据模型，支撑着中国石油总部及 16 家油田公司上游勘探开发生产管理业务的基本应用，使用广泛，应用成熟。

二是融合专业库及新需求。在 EPDM 模型基础上，开展油田专业库、统建库及新需求的梳理、分析对比，对跨专业交叉的业务进行拆分、合并、融合，使模型结构更加合理，并满足油田业务需要。

三是模型迭代，急用先建。通过管理工具对数据模型及元数据进行管理，满足模型标准的迭代与升级管控需求，保持模型版本与数据库统一，实现企业级数据架构的统一。

业务模型框架如图 2-5-8 所示。

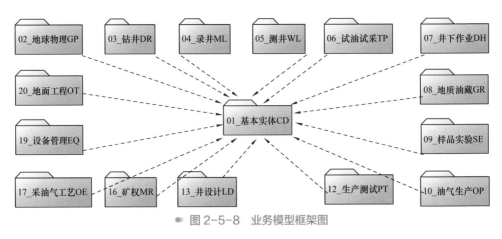

● 图 2-5-8　业务模型框架图

3）主数据入湖

塔里木区域数据湖就近存储本油田 11 类主数据，通过权威采集系统和主数据统一的数据服务接口两种方式，实现主数据在业务活动过程中产生，同时注册到中国石油梦想云主湖和塔里木区域数据湖，通过梦想云主湖统一生成 UID 并发布数据服务供各应用系统使用，确保整个主数据的一致性。主数据注册方式如图 2-5-9 所示。

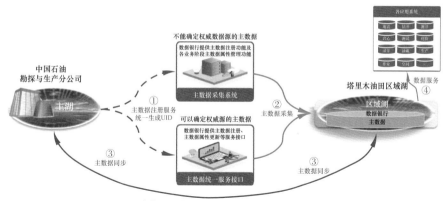

图 2-5-9　主数据注册与应用方式

4）业务数据入湖

历史数据通过 ETL 工具建立数据通道，从数据采集源端迁移数据至数据治理环境，经过历史数据质控后，满足数据"五性"的核心业务数据进入数据银行，再通过数据湖数据共享能力，发布统一的数据服务支撑各类数据应用（图 2-5-10）。

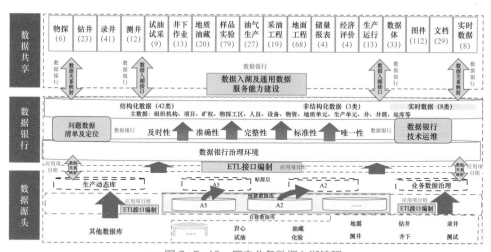

图 2-5-10　历史业务数据入湖流程

新数据通过现场动态库集中采集，调用统一的数据入湖服务接口，推送数据至数据治理环境，经过数据银行质控工具对数据进行多维度全方位的质控后，满足数据"五性"的核心业务数据进入数据银行，再通过数据湖数据共享能力，发布统一的数据服务支撑各类数据应用（图 2-5-11）。

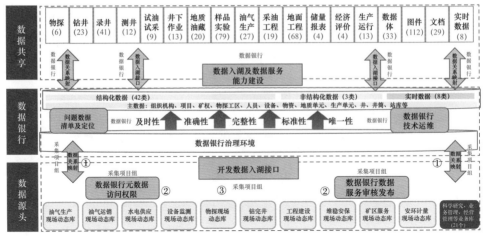

● 图2-5-11 新业务数据入湖流程

（1）结构化数据。

数据银行数据资产覆盖40类油田业务专业，已建成钻井、录井、测井、试油试采、油气生产、井下作业、生产测试、样品实验、地质油藏、矿权、采油气工艺、井设计、设备、储量、物化探、油气集输16个专业，对接11个数据源，入湖结构化数据量约1.3亿条记录，数据治理工作持续开展，新增数据按照数据管理规范有序入湖管理。

（2）非结构化数据。

数据银行管理各专业非结构化数据资产，涉及钻井、录井、测井、试油试采、油气水生产、井下作业、生产测试、采油气工艺、物化探等9类专业，3大类历史非结构化数据已入数据银行，数据量约20万个文件，占存储空间2.68PB，新增数据经数据源头采集系统审核，调用文件中心统一入湖接口开展入湖工作。

（3）时序数据。

基于油气生产物联网和钻完井工程技术物联网的实时数据采集，实现了油田生产实时数据、钻井录井实时数据全面、高效存储，已存储时序数据10TB左右，每日新增数据200MB（图2-5-12）。

4. 数据共享应用

动态库、业务库和数据银行的数据通过分析层组织加工后，提供各类数据服务能力，高效支撑各类应用。分析层具备独立的物理存储结构，由高速索引、分析

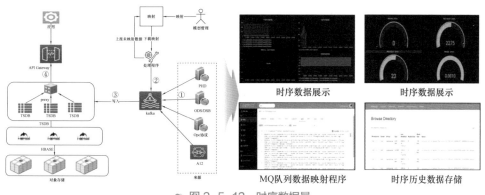

時序数据展示　　　時序数据展示

MQ队列数据映射程序　　時序历史数据存储

● 图 2-5-12　时序数据量

库、领域知识库和模型库构成，通过统一数据服务地图对外提供数据服务发布。

高速索引：按照物探、钻井、录井、测井、试油、井下作业、样品实验、地质油藏、地面工程、生产运行、生产测试、油气生产、采油工程划分为 13 大主题应用，设计 473 个主题数据集，用于支持数据快速检索，并随着应用系统的不断建设，持续完善。

分析库：用于支持高并行数据分析与计算，提供大数据分析、可视化 BI 等服务，为应用建设方以租户形式提供大数据分析环境，满足基于业务场景的业务 Cube 建模和可视化分析展现设计的需求。

领域知识库：提供一整套知识图谱采集、存储和管理功能，根据业务场景的需要，持续建立满足应用需求的知识图谱，支持智能化应用。

模型库：基于人工智能框架，按照业务应用需求，为机器学习、深度学习等算法模型训练提供存储环境，支持智能化应用的算法调用。

统一数据服务地图：提供区域数据湖各层级数据的统一数据服务地图。核心数据服务包括主数据服务、业务数据共享服务、主题数据服务、分析服务、知识服务和智能算法服务，提供各业务应用一站式自助式数据获取能力，不仅节省应用开发成本，也为油田高效、敏捷迭代开发提供有力的数据支撑。

数据服务引用通过应用 ID 和服务权限在线申请、密钥签发、服务接口调用来实现（图 2-5-13），不仅将数据湖提供的公共服务进行了发布展现，各应用的服务也可快速发布到地图上，供其他项目共享使用。数据服务引用流程如图 2-5-14 所示。

● 图 2-5-13　数据湖数据服务地图

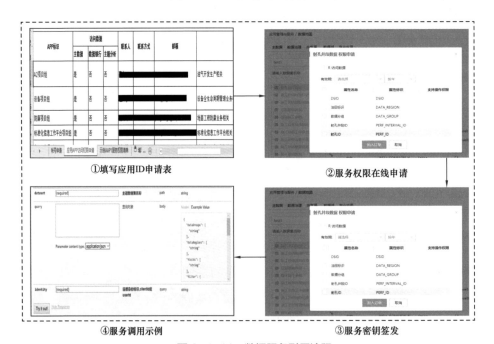

①填写应用ID申请表　　②服务权限在线申请

④服务调用示例　　③服务密钥签发

● 图 2-5-14　数据服务引用流程

5. 管理工具赋能

塔里木油田区域湖数据管理功能主要包括主数据、元数据、数据标准、金数据管理、数据服务、数据质控、数据安全、数据集成 8 类数据管理功能。通过主数据的集中管理、数据模型标准的统一管理、数据标准的实时监控、金数据的查询检索、数据服务的统一发布、数据质量的横向质控、数据权限字段级管理、数据通道全程可追溯 8 大类应用场景，赋能油田数据资源向数据资产的转变，保障数据治理和数据共享服务体系的正常运转。图 2-5-15 为塔里木油田区域湖管理工具。

"坦途"区域数据湖功能操作演示，详见：《数据银行功能介绍20200927.mp4》

图 2-5-15　塔里木油田区域湖管理工具

第六节　塔油"坦途"区域云平台

如果说区域数据湖是智能油田各种类型、各种形式的数据、信息和知识等原材料的存储库，那么云平台就是将数据、信息和知识转化为能力的加工车间。在这个车间里，有资源管理与应用调度平台、开发流水线、微服务框架、容器平台、中间件等必备生产工具，有加工出来的大大小小各种组件，类似于车间生产的毛坯件、零部件和半成品，这些组件按功能不同可以分成数据、业务和技术等服务中台。各式各样功能不同的组件像搭积木一样经过再次组装，就形成了面向最终用户、解决不同问题、满足不同需求的各种应用程序。

塔里木油田已经存在大量传统 DotNet Framework 应用，这些应用仍需不断迭代更新，支撑这些应用是"坦途"区域云平台的一项重要任务。经过深度探索和实践，塔里木油田不断拓展云平台支持能力，很好地解决了对历史 Windows 应用支持问题。

在支持策略层面，采用"两条腿走路"的方式，一方面要求容器平台实现对最新 Net FrameWork 应用支持，采用"云化部署"策略实现历史应用快速迁移至云平台；另一方面，为适应 DotNet 生态发展趋势，实现了 Net FrameWork 框架向跨平台 DotNet Core 框架的逐步迁移，因此，DotNet 生态需要同时支持 Net FrameWork 和 DotNet Core。

在平台层面，"坦途"区域云平台基于 Linux 工作集群，加入 Windows Server 2019 工作节点，首次在中国石油支持了 Linux、Windows 混合节点集群，并结合 Kubernetes 节点选择机制，实现对 Windows 应用调度全面支持。

在软件构建层面，开发了 Net FrameWork 以及跨平台的 DotNet Core 的 DevOps 流水线模板，实现了对 DotNet 应用生态敏捷开发支持。

在服务治理层面，部署和测试 Istio 服务网格框架，实现"开发语言无关"的服务治理能力。

"坦途"区域云平台以 Docker 容器和 Kubernetes 容器编排技术为基础，实现了基于微服务的组件式开发、容器化运行以及研发与运维过程的自动化，提供了云原生开发、软件云化改造、应用运行与运维的环境（图 2-6-1）。

● 图 2-6-1　云技术平台架构图

1. 底台架构

基础底台统一管理 CPU 近千核、内存超 3TB 的计算资源以及共计约 10PB 的 SAN、NAS 和对象存储资源，统一管理集群、节点、网络、存储、租户、授权、应用等平台管理数据以及源代码、中间件、镜像仓库、制品仓库等各类软件资产数据，提供容器运行环境和容器编排能力以及租户、认证授权、监控和日志、应用管理、服务治理等基础服务，最终为管理者和开发者提供平台管理、DevOps 流水线管理、服务治理和应用管理等四大类主要功能（图 2-6-2）。

2. 底台环境构成

综合考虑业务需求、应用规模、可访问性、可控性、使用效率等因素，"坦途"区域云平台包括开发测试、DMZ、移动应用、生产等四类环境（图 2-6-3）。

开发测试环境用于软件项目开发和测试，就近部署在油田，有利于提升本地开发者基于云平台的敏捷迭代开发效率。由油田本地管理集群管控，工作集群包括 24 台服务器，后期可根据资源使用情况动态扩容。

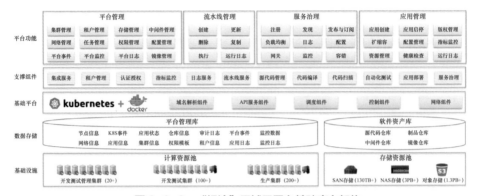

图 2-6-2 "坦途"区域云平台基础底台架构

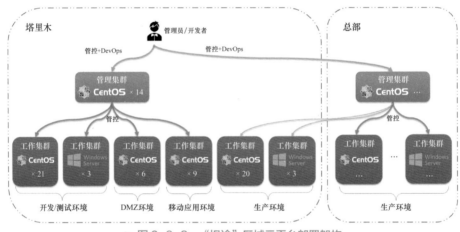

图 2-6-3 "坦途"区域云平台部署架构

DMZ 生产环境用于移动应用等互联网应用发布，部署在中国石油 DMZ 区，由油田本地管理集群管控，工作集群包括 6 台服务器。

移动应用生产环境通过与 DMZ 生产环境服务进行交互，提供办公网内部数据服务，就近部署在油田，由油田本地管理集群管控，工作集群包括 9 台服务器。

生产环境提供 PC 端应用运行环境，就近部署在油田，由中国石油梦想云管理集群统一管控，工作集群包括 23 台服务器，处于总部梦想云生态体系中，形成"一朵云"总体架构，既与总部应用共享互通，又能实现本地化就近访问。

3. 管理功能

"坦途"区域云平台以计算资源的形式统一管理物理机、虚拟机、内存和存储设备等硬件资源，并以租户为单位进行资源隔离。在租户内部，云平台支持以命名空间、应用的维度进行更进一步的资源精细管控。采用容器和容器编排技术进行应用部署，支持应用的滚动升降级、资源实时监控、自动伸缩、日志收集、健康检查和告警等功能。

集群管理功能：管理员可以创建新集群和接入已有集群，并对存储、网络、CPU、内存等资源进行管理和配置（图2-6-4）。

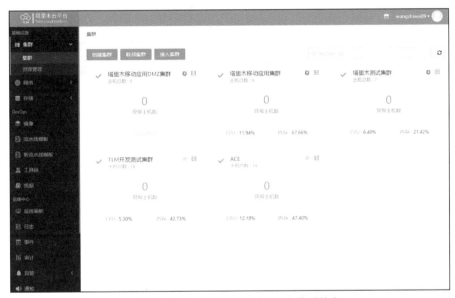

● 图2-6-4　"坦途"区域云平台集群状态

集群监控功能：管理员可以监控运行指标，查询集群运行日志和操作审计日志，管理和配置集群告警等（图2-6-5）。

项目/租户管理功能：管理员可以在项目维度进行精细管理，包括配置项目的资源、项目运行环境、项目的用户、角色和授权等。

DevOps功能：管理员可以配置流水线模板、工具链、应用目录等供开发者使用。

4. 开发者功能

"坦途"区域云平台提供丰富的功能，支持开发者进行基于云平台的开发工作，提升自动化水平和开发效率。

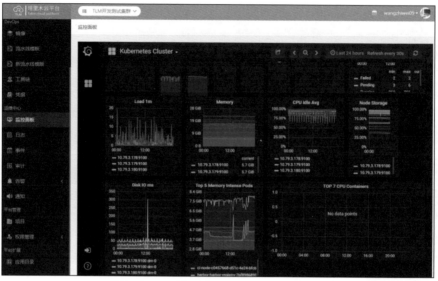

● 图 2-6-5　"坦途"区域云平台运行指标监控

应用管理：开发者可以通过镜像仓库、YAML 文件、应用目录模板三种方式创建应用，实现应用组件的"一键部署"，并控制应用的启停和版本更新，监控应用的运行状态，查询应用运行日志。

应用扩缩容：开发者可以手动设置应用的启动份数，或者设置根据 CPU、内存占用等实时信息进行智能化、动态扩缩容（图 2-6-6）。

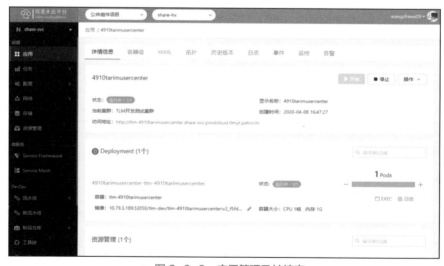

● 图 2-6-6　应用管理及扩缩容

DevOps 流水线：开发者可以在平台提供的流水线模板基础上进行定制，配置出适合自己项目的一系列 DevOps 流水线。

5.DevOps 流水线

"坦途"区域云平台提供一系列工具支撑 DevOps 流水线，使用 Jenkins 自动化构建和部署软件，提供包括 .NET、Java 和前端的各流水线模板 11 项（图 2-6-7），支撑 360 多条自动化流水线，全面推广和促进软件开发向"敏捷迭代""微服务化"的模式转变。

● 图 2-6-7 DevOps 流水线模板

开发者在项目初期构建阶段，使用云平台提供的流水线模板，进行流水线触发机制、构建和部署参数等设置，可分别构建开发、测试和生产环境的开发流水线，实现源代码自动拉取、代码质量自动扫描检查、应用自动编译和测试、容器镜像自动打包和推送以及应用自动更新等开发者功能。整个过程无需人工参与，极大减轻了开发者的负担，提升了开发和部署效率（图 2-6-8）。

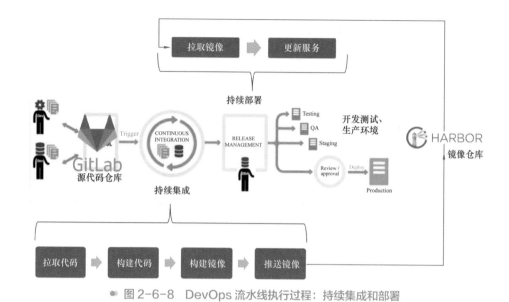

● 图 2-6-8　DevOps 流水线执行过程：持续集成和部署

二　服务中台

根据中国石油勘探开发梦想云"共建共享"中台建设原则，"坦途"区域云平台通过共享梦想云已有的通用应用组件，先行开发梦想云待建的通用应用组件，开发和改造油田特色应用和扩展应用组件，共同打造梦想云数据中台、业务中台和技术中台。

"坦途"区域云平台已构建 90 个数据中台组件、63 个业务中台组件、89 个技术中台组件，打造了一定的服务中台能力，为"大中台、小前台"应用生态奠定了基础（图 2-6-9）。

1. 共享梦想云公用组件

（1）移动门户（含即时通信）。复用勘探开发梦想云移动端，并将塔里木油田的需求进行总结和整理，反馈到总部，推动梦想云移动端功能增强。

（2）业务中台的主要组件。复用总部已有的中台能力，并进行本地化落地和功能增强，包括用户中心、专业软件接口等。

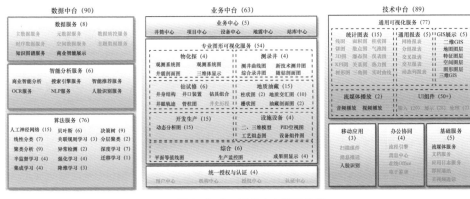

● 图 2-6-9　服务中台建设分类

（3）技术中台的主要组件。复用总部已有的中台能力，并进行本地化落地和功能增强，包括流程中心、文件中心、智能文档（在线编辑）、报表中心（含通用图表）、图释中心（含统计图表）等。

（4）数据中台的主要组件。复用梦想云主数据湖的数据服务能力并进行本地化落地，包括主数据管理、元数据管理、数据质控和入湖、数据分析服务等。

2. 油田自建中台组件

（1）建设公共组件运营管理平台，对公共组件进行统一管理。

（2）建设多个技术中台组件，提升通用技术服务能力。包括 GIS 展示组件、流媒体组件、消息中心、日志中心、通用 UI 组件、电子签章等。

（3）建设井轨迹投影、井身结构图、井史一体化展示等业务中台组件，打造基于 HTML5 的免插件图示能力。

3. 服务中台的作用和价值

中国石油统一建设通用应用，各地区公司建设特色应用及扩展应用，应用数量众多，一个用户通常会同时使用多个应用系统，所以对用户的一致性身份认证及授权管理极为重要，这就是服务中台中统一用户中心的职责。下面以统一用户中心为例，谈谈服务中台的价值。

梦想云用户中心负责上游业务用户统一管理，各应用统一基于用户中心实现用户身份认证。梦想云用户中心主要解决"我"是谁的问题，各应用对接用户中心，用户在用户中心登录后，就可以拿到唯一的身份认证令牌，并在访问应用的时候携带该令牌，应用检查令牌中包含的身份（员工编号、组织机构等）及授权信息，对用户进行进一步细化的权限控制，最终实现跨地区、跨应用系统的一致、通用的统一身份认证。

为了实现油田自建及集团统建应用的统一身份认证，塔里木油田在本地部署了梦想云用户中心分布式节点，并在此基础上扩展用户中心分节点的功能，以兼容历史系统的身份认证。新建应用在建设阶段即对接梦想云用户中心，历史应用分批次、分阶段逐步切换，最终实现从油田自建用户管理到对接梦想云用户中心的平稳过渡，达到自建应用、统建应用身份认证全面打通的目标。此外，各新建业务应用使用塔里木用户中心即可实现用户身份认证、组织机构管理、应用授权等功能，而无需再重复开发（图2-6-10）。

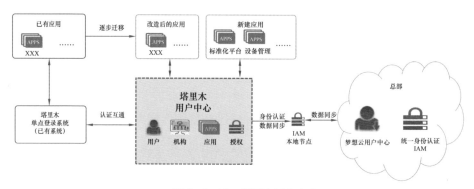

●图2-6-10　塔里木用户中心

在一人多岗的情况下，用户经常需要切换到不同应用中完成自己的工作。如果能在用户需要处理事务的时候，主动通知给用户，那将大大降低用户的负担。为了达到这个目标，需要实现两方面的功能。

一是汇总消息源。通过统一的"流程中心"，各系统与流程处理和待办相关的功能统一对接到流程中心，转化为待办任务，形成唯一消息源。

二是将消息从多渠道发送给相关用户。通过统一的"消息中心服务"，从汇总的消息源中获取消息列表，将每一条消息按照要求的渠道发送给目标用户，这些渠道包括邮件、工作门户消息提醒微件和短信通知等。

通过流程中心和消息中心的组合，油田跨应用的复杂流程可以实现统一设计、管理以及流程待办的统一消息推送能力，达到"任务驱动"的目标。

同用户中心、流程中心、消息中心一样，服务中台的其他服务能力也在各自领域发挥重要的基础支撑和信息共享作用。有了这些中台能力，上层业务应用不必再重复建设中台能力中已经包含的功能，而是专注于业务功能的开发，必然带来应用开发效率的提高，更好地支撑业务需求，实现应用建设的降本增效，这也是服务中台的价值所在。

1. 前台应用的云化

随着应用数量越来越多，应用功能日益复杂，传统的单体应用架构已经无法满足各业务领域多层次的新增需求及需求频繁变化的要求，微服务架构正是为解决此类问题而生。

微服务是一种软件架构设计风格，应用由一组独立进程的"微小"服务组成。这些微服务可由不同语言实现，可采用不同的数据存储方式，可全自动独立部署，服务之间采用轻量级机制通信。这些微服务就像一个个具有不同结构、不同功能的"积木"一样，而建设业务应用的过程就像搭积木一样，基于云平台将这些积木组合在一起，就形成了满足各种业务需求的应用功能模块。基于云平台和微服务的软件开发就是"云原生开发"。塔里木油田针对不同时期建设的应用系统，主要采取三种云化方法，如图2-6-11所示。

（1）云原生开发。对于新建应用，原则上采用云原生技术进行开发。

（2）自建应用软件云化。对于历史应用的改造，根据需要采用"应用集成"和"应用容器化"方法实现应用快速上云。

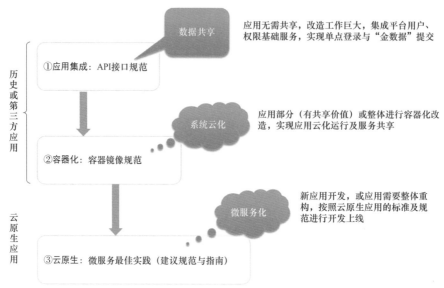

● 图2-6-11　应用软件云化改造方案

（3）专业软件云化。基于云环境IaaS层，实现专业软件集中部署，借助远程可视化软件，实现二、三维图形服务端渲染，将渲染后图形实时映射桌面端。专业软件无缝对接协同研究环境，实现硬件共享、软件许可证共享、研究成果共享以及工作协同（图2-6-12）。

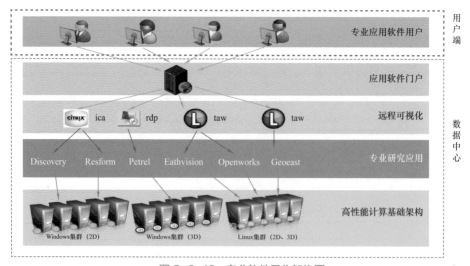

● 图2-6-12　专业软件云化架构图

"坦途"区域云平台的应用前台，基于油气田全生命周期、井生命周期、经营管理及安全环保业务管理相关的核心业务流，重点推广和深化中国石油油气勘探、油气开发、协同研究、生产运行、经营管理、油气运销、工程技术、安全环保、综合办公等通用应用，同时结合油田勘探开发生产与研究特点，开展特色应用和油田独有业务的扩展应用。

2. 协同研究

在协同研究领域，通过推广及深化中国石油地球物理、石油地质、油藏工程、圈闭与井位、油藏与方案、钻完井一体化方案设计、油藏工程一体化增产研究、采油气综合研究、生产优化等通用业务应用，开展规划与部署、油藏工程一体化增产研究、采油气综合研究、生产动态监测、模拟分析、趋势预测、生产计划调整等油田特色应用，实现勘探开发、工程技术、油气藏一体化协同研究（图2-6-13）。

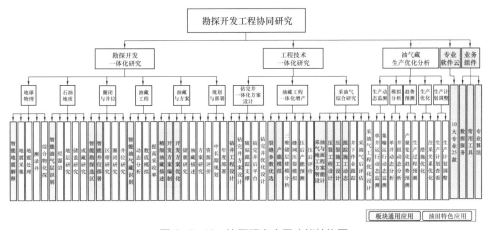

● 图2-6-13 协同研究应用功能结构图

3. 油气勘探

在油气勘探领域，通过推广并深化中国石油勘探项目管理、矿权管理与储量评估、钻完井动态管理、物探工程管理、井筒工程管理等通用业务应用，开展工程技术协同管理等油田特色应用，实现油气勘探业务的全过程管理，提升勘探生产管理数字化、可视化、移动化和智能化水平，提高油气勘探管理工作效率（图2-6-14）。

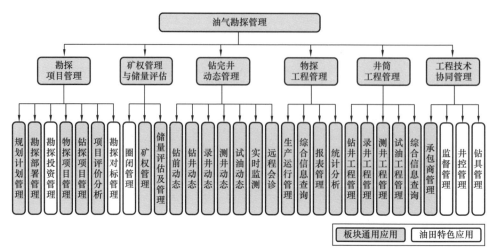

● 图 2-6-14　油气勘探应用功能结构图

4. 工程技术

在工程技术领域，通过推广及深化中国石油钻完井动态管理通用业务应用，开展生产跟踪、事故事件管理、工程方案设计管理、井控管理、工程监督管理、承包商管理、钻井工具管理、QHSE 管理、数据质量管理、标准管理、科研管理等特色应用，提高工程技术业务管理水平与效率（图 2-6-15）。

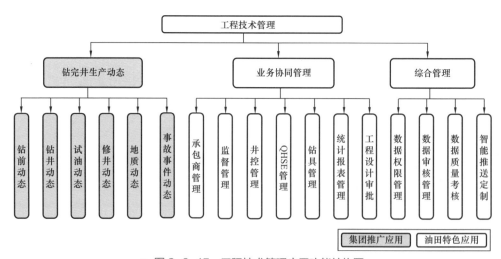

● 图 2-6-15　工程技术管理应用功能结构图

5. 油气开发

在油气开发领域，通过推广并深化中国石油规划计划及开发方案管理、产能建设管理、油气藏生产管理、采油气工程管理、地面工程管理、智能工况诊断与产量预测等通用业务应用，开展油田特色应用，实现开发生产管理业务跨部门、跨专业协同，突出效益评价，统一量化管理指标，强化过程管理和质量控制，提升油气藏管理效率和水平（图 2-6-16）。

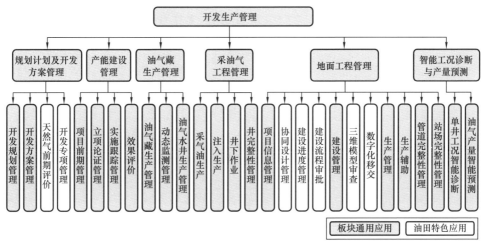

● 图 2-6-16　开发生产应用功能结构图

6. 油气运销

在油气运销领域，通过云化改造现有业务应用系统，建立集巡检修管理、油气运销管理、计量质量管理、完整性管理为一体的油气运销业务管理系统，提高油气运销生产管理水平，降低运行成本，实现安全环保、经济可靠的生产运行（图 2-6-17）。

7. 生产运行

在生产运行领域，面向油田跨业务、跨专业、跨部门的生产指挥和决策主题场景，按照"1+N"模式，融合建成油田级一体化生产运行调度指挥中心。"1"指油田统一建设集运行监控、生产指挥、应急响应、综合决策于一体的生产指挥与决策支持中心;"N"指各生产现场工业控制系统在办公网内的数字映射和油田业务管理系统的信息智能推送。生产运行调度指挥中心实现油田生产实时监控与调度、信息集成与展示应用、应急指挥与决策一体化,改变决策工作模式,优化决策流程,提高生产运行指挥效率,保障生产安全受控运行(图2-6-18)。

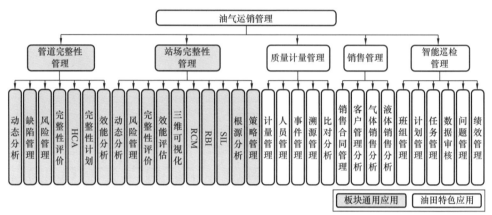

● 图 2-6-17　油气运销管理应用功能结构图

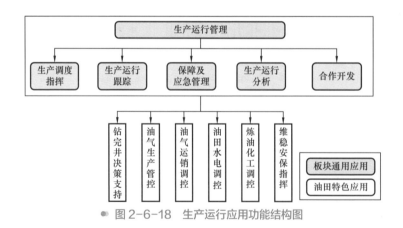

● 图 2-6-18　生产运行应用功能结构图

8. 安全环保

在安全环保领域,通过推广及深化中国石油安全管理、环保管理、监察审核等通用业务应用,开展 QHSE 体系管理、健康管理、质量计量管理、能耗管理、消防管理等油田特色应用,提升安全环保业务管理水平,实现各类风险预知、预判、预测,做到主动预防风险(图2-6-19)。

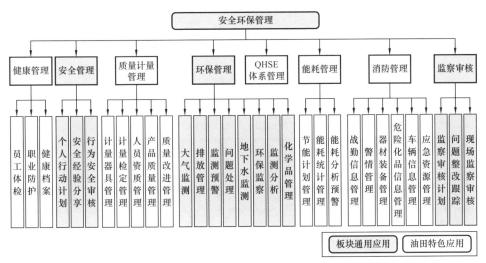

● 图 2-6-19 安全环保应用功能结构

9. 经营管理

在经营管理方面，利用中国石油统建 ERP 应用集成系统，实现项目、设备、资产全生命周期管理、油气价值链管理、投资一体化管理、物资供应链优化管理，为油田运营管理、经营决策提供智能化支撑。开展规划、财务、审计等油田特色应用，形成经营管理一体化协同办公（图 2-6-20）。

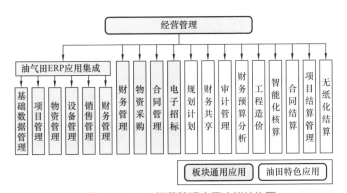

● 图 2-6-20 经营管理应用功能结构图

10. 综合办公

在综合办公方面，通过推广中国石油数字办公应用，云化改造油田已有各类业务管理系统，构建集中统一的协同办公业务系统，支撑油田信息发布、数字办公、行政事务、保密管理、会议管理、档案管理等综合办公业务高效率开展（图2-6-21）。

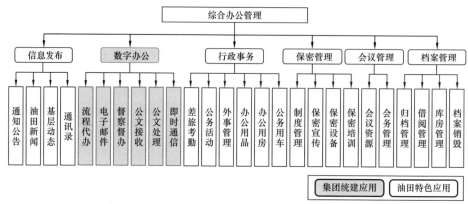

● 图2-6-21 综合办公管理应用功能结构图

第七节 塔油"坦途"协同工作门户

"坦途"协同工作门户包括企业应用商店和个人工作门户。企业应用商店面向用户分门别类地展现智能油田所有的应用产品，包括各种各样单一功能的微件和集成功能的应用等，就像陈列了琳琅满目商品的百货商店一样。个人工作门户是由每个用户根据自己的岗位职责和个人兴趣喜好，从企业应用商店挑选自己喜欢的各种微件和应用来定制自己的个人工作间，这样每一个用户就在自己的个人工作间，像从百货商店选购的各种商品一样，选用智能油田各种各样单一功能的微件和集成功能的应用，完成自己的岗位工作。

传统的功能应用一般以一个一个的系统形态出现，每一个系统实现某一个业务领域或者一个业务专业的信息化，每一个业务系统呈现的界面样式、功能清单对所有用户是一致的，与每一个用户的体验、喜好、关注没有关系，也就是说一个系统对企业一千个用户而言"长相"是一样的。另外，一个用户需要不同业务系统的业务功能，就要进多个系统，即使部分企业实现了统一授权单点登录以及换肤等功能，本质现象依然存在。

　　基于云化的中台技术，可以把面向用户的应用去系统化，按照一定规则统一分成应用、功能、业务组件等多个粒度的面向用户的资源，实现统一注册管理，通过"应用商店"的方式展示给所有授权用户选择使用。引入用户画像、行为分析、智能推荐、页面定制等相关技术，可以定制用户"个人工作间"，实现只见应用、不见系统的"千人千面、智能推荐"的用户工作模式。

一　应用商店

　　协同工作门户的建设，首先是应用商店生态的建设。这类似于智能手机操作系统，曾经苹果、谷歌、微软这几家 IT 巨头分别研发的 IOS、Android 和 Windows Phone 三分天下，它们分别有各自的优缺点，但除了系统本身的特点之外，成功的关键更在于在操作系统之上的应用生态，有了丰富的高质量应用，操作系统才能迅速占领市场，并保持长期活力。正是由于应用生态的弱小，Windows Phone 才逐渐退出历史的舞台。同样，智能油田协同工作门户的应用效果取决于应用商店中应用生态的丰富程度，即应用的数量、质量和应用的业务涵盖范围。应用商店包含应用、微件、门户三个层面。

1. 应用

　　应用包括中国石油统建应用及油田的扩展和特色应用（图 2-7-1）。通过服务中台的用户中心，实现各应用的统一身份认证。用户在用户中心登录后，拿到一把"万能钥匙"，使用这把钥匙，用户就可以经过授权的统建和自建应用中完成自己的工作，无需多次身份认证。

2. 微件

　　应用是满足业务需要的一系列功能的组合，一个应用一般有数十上百个功能模块，供多个不同岗位的员工使用。用户在使用应用的时候，一般有明确的工作任务，进入相对固定的功能模块完成工作，同时，他可能面对与他无关的一系列功能，这就是"千人一面"的用户体验。为了改变这种状况，减轻用户在完成工作任务时不必要的干扰，除了应用之外，应用商店中还建设了"微件"（图 2-7-2）。

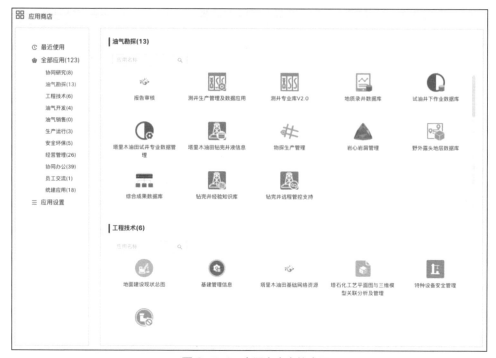

● 图 2-7-1　应用商店中的应用

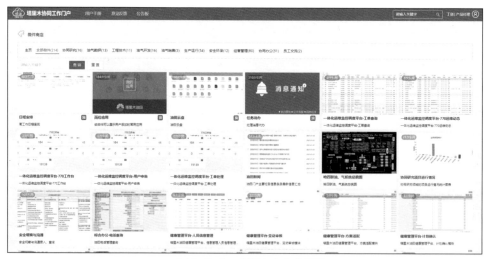

● 图 2-7-2　应用商店中的微件

　　"微件"即目标明确、功能相对单一的操作单元，它可以是一张日报表，一张统计图，一个消息待办列表等，用户可以在协同工作门户中，根据自己的工作需要挑选这些微件，组合成适合自己的"个人工作间"，实现"千人千面"的工作新模式。"微件技术"是塔里木智能油田创新实现"千人千面"的用户界面核心技术之一。

塔里木油田联合所有服务厂商，在新建系统中精心规划，在已建系统中重点抽提，已经建设了涵盖油田动态、行业动态、日常办公、统一报表、检索、石油百科、研究专题等领域的微件 65 个。这些微件就像是一盘盘精美的菜肴，摆放在应用商店中，用户只需要根据岗位及个人的需要，简单拖拽即可搭建出"千人千面"的岗位个性化工作界面。

3. 门户

应用和微件是用户工作的工具和手段。应用数量可能有上百个，微件是从应用中抽提建设的，其数量是应用数量的十倍、百倍。协同工作门户支持用户完全自定义个人工作间，但是对于同一岗位的不同员工，他们工作间的主体内容是类似的，为进一步提升用户体验，协同工作门户还预制了各种"门户"（图 2-7-3），用于为不同岗位提供默认的工作间模板。用户只需在门户商店中选择自己岗位对应的工作门户，既拥有基本可用的基础工作间，又可以在此基础上再进行个性化的定制。

● 图 2-7-3　应用商店中的预制门户

使用协同工作门户的用户角色有多个，这些用户角色各自承担不同的责任，使用工作门户中的不同功能，实现不同的工作目标。

（1）普通用户是协同工作门户的主要服务对象。他们通过工作门户完成自己的工作，并可根据自己的喜好定制个人私有的门户页面。

（2）微件开发者是微件内容的生产者，他们一般也是业务应用的开发者。微件开发者抽提业务应用中的重要功能，开发成可视化微件并提交到微件商店中。

（3）微件管理员管控微件的质量，包括微件的审核，微件上下架等。

（4）门户开发者是微件内容的组织者。他们根据业务需要，为不同岗位定制适合的门户页面，并根据授权发布到限定的范围。门户开发者有两个级别，一个是油田级门户开发者，可以发布门户到油田级及任意子级；另一个是单位级门户开发者，可以发布门户到被指定的单位及单位内部岗位。

（5）门户管理员管控门户的质量，包括门户的审核，门户上下架等。门户管理员有两个级别，一个是油田级门户管理员，可以审核任意级门户发布申请；另一个是单位级门户管理员，可以审核被指定的单位内的门户。

通过使用上述功能，微件开发者开发各种微件并发布至微件商店。微件管理员审核这些微件是否符合要求。个人用户可以使用微件商店中的微件，定制自己的个性化门户页面，也可以从门户商店中订阅已经定制好的门户。各组织机构可以安排门户开发者定制门户页面，并按照岗位推送给对应岗位的用户。图2-7-4示意了岗位定制化工作界面中涉及的角色、分工职责及工作流程。

应用商店中汇集了各类统建和油田自建应用。各应用按照岗位需求，抽提重点功能制作成微件，发布到微件商店中，供用户定制个人工作间使用。同时，油田各单位根据工作需要，使用微件定制适合特定岗位的默认门户页面，发布至门户商店中；用户可以根据自己的需求，从门户商店中订阅门户，获得基础的工作间界面，对订阅的门户进行二次定制，进一步满足自己的个性化需求。

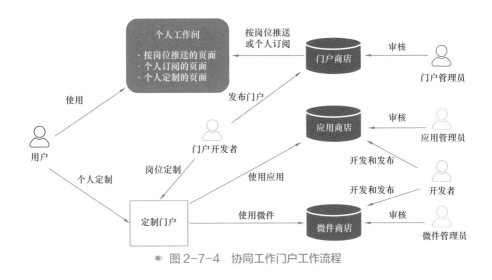

● 图 2-7-4 协同工作门户工作流程

协同工作门户统一注册和管理面向用户的应用、业务功能、业务组件、页面微件等信息资源。"用户中心"统一管理油田机构、岗位、用户，实现基于信息资源的统一授权和单点登录。"流程和消息中心"应用统一管理油田的任务流程和任务待办。"页面定制和智能推送"应用，按照"岗位定制、任务驱动、数字映射、智能共享"的原则，实现只见应用、不见系统的"千人千面、智能推荐"的用户工作模式。

使用"千人千面"的个性化工作间，每个人所使用的用户界面都可能是不一样的，所以用户体验设计极其重要。全球数十亿手机尽管有不同的手机操作系统，但核心的操作方式是大同小异的，其人机交互界面已被用户广泛认可和接受。所以，参考手机操作系统人机界面，设计个性化工作间界面结构描述见表 2-7-1，个性化工作间界面框架如图 2-7-5 所示。

用户使用"页面定制和智能推送"工具，从应用商店、微件商店中选择岗位和个人需要的信息资源，定制个性化岗位工作间和个人工作间。定制流程与效果如图 2-7-6 至图 2-7-8 所示。

表 2-7-1　个性化工作间界面结构布局描述

界面元素	描述
固定顶部状态栏	屏幕顶部的状态区域，展示企业名称和图标、导航链接、登录用户的信息
应用	由各软件厂商发布的应用，一般以图标＋文字的形式展现，用于跳转到各应用
微件（Widget）	内容展示组件，来自应用，相比应用（文字＋图标）有更丰富的表现形式，例如可以展示图形、表格等
面板	放置微件、应用的容器，用于界面布局，支持自定义尺寸和位置
栏目	在屏幕上分隔不同的区域，用于分组和组织内容
屏幕	总体内容展示区域，以 Web 页面的形式展现，一个屏幕相当于一张门户页面。支持自定义布局，用户可以定制多个屏幕，在每个屏幕中组织不同的内容，并可在多屏幕之间切换
固定屏幕右侧工具栏	集成屏幕导航、常用应用、自定义屏幕入口等功能，跨屏幕固定右侧

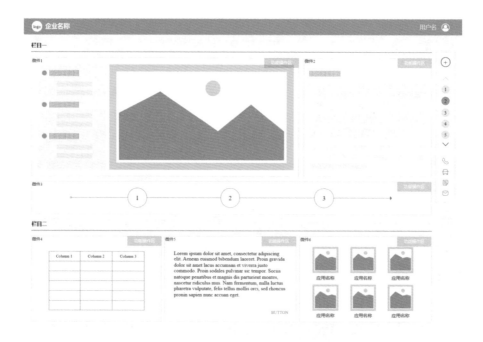

● 图 2-7-5　个性化工作间界面示意图

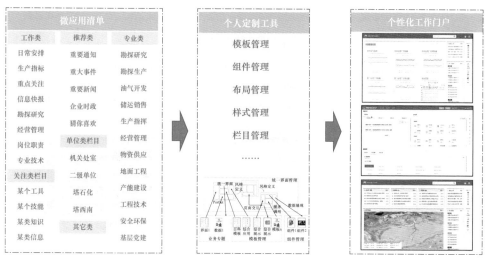

图 2-7-6 个性化工作间定制流程

图 2-7-7 个性化工作间定制布局

 缺省工作间

按照个人工作间的建设思路，可以分别设计油田领导、管理人员、生产人员、研究人员等不同岗位的个性化工作间原型。

（1）给油田各级领导提供基于任务驱动的"待办提醒"以及"日程安排""生

● 图 2-7-8 个性化工作间定制效果

产指标""重点关注""信息快报"等简洁、明晰的个性化工作界面，同时智能推送相关信息（图2-7-9）。

（2）分析油田各类员工岗位特征，结合日常工作、业务场景，重构、组装用户的工作、信息类微应用，形成业务功能、常用工具、统计报表、可视化组件、专业信息等个性化的工作门户，提醒用户及时处理待办业务，关注相关业务和数据，获取智能推送信息（图2-7-10）。

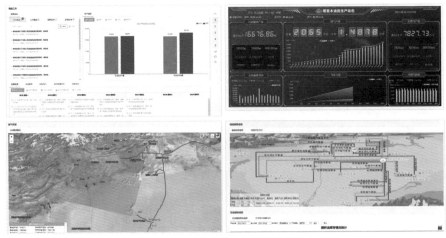

● 图 2-7-9 各级领导个性化工作间部分原型

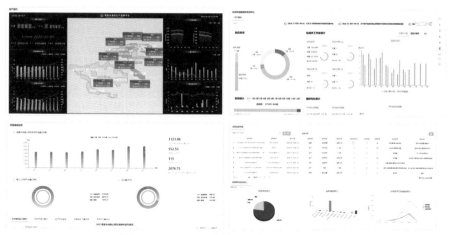

● 图 2-7-10 员工个性化工作间部分缺省界面

（3）移动端应用基于梦想云移动客户端框架，设计和定制现场操作岗、研究分析岗、业务管理岗、领导决策岗缺省的个性化移动端 APP 工作台，用户可方便地从 APP 应用库中选择需要的移动应用（图 2-7-11）。

"坦途"协同工作
门户功能操作演示

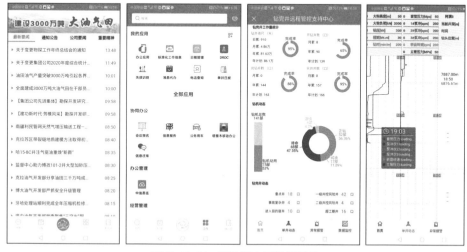

● 图 2-7-11 移动端应用部分界面

第八节 塔油"坦途"保障体系

"坦途"技术架构除边缘层、信息公路网、计算存储池、区域数据湖、区域云平台、工作门户等六个主体部分外，还包括标准规范、网络安全、统一运维三个数字化生态保障体系。

标准规范体系为智能油田提供建设、运维和管理的技术标准与规范。网络安全体系为智能油田提供信息安全保障。统一运维体系为智能油田提供稳定、可靠与高效运行的支持。

一 标准规范体系

智能油田建设是一项复杂的系统工程，包括信息收集到信息开发利用全过程，包括软件与硬件、技术与管理、信息与业务、建设与运维等方方面面，涉及油气勘探开发专业范围广、信息技术种类多、建设单位和人员多、相关数据与应用多、相互之间交互衔接接口多，涉及的人、事、技术、产品之间要形成有效的融合、协同、沟通、协调机制，才能保证智能化油田的顺利建设和正常运行，这就需要一套各环节、各要素都必须共同遵循的准绳和依据。塔里木油田坚持标准先行，借鉴国内外石油行业、中国石油及其下属各油田的信息化建设标准，形成了一套适合智能油田建设与运维的管理标准和技术规范。

通过引用和修订，塔里木油田建立健全了智能油田通用标准、数据采集、通信网络、计算与存储、数据管理、平台与应用、网络安全与运维服务8大类31小类共计110个标准规范的智能油田标准规范体系（图2-8-1）。

1. 通用标准规范

通用标准为其他类别标准建设和维护管理提供理论指导，包括信息标准管理办法、信息标准体系框架、信息术语标准和公共数据编码标准，一共12个标准规范。其中公共数据编码类别包括公共数据编码管理规范、信息分类与编码导则、基础数

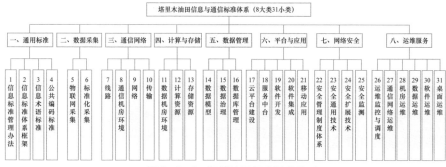

● 图 2-8-1　智能油田标准规范体系

据代码及属性规范、数据元设计指南、组织机构与员工编码及属性规范、物资编码及属性规范、ERP 系统数据编码及属性规范、设备公共数据编码与属性规范、油气管道公共数据编码与属性规范 9 个标准。

2. 数据采集标准规范

数据采集类标准规范数据采集和管理，弥补现有规范的不足，提升数据采集质量和采集效率，满足数据及时性、准确性、完整性、唯一性、标准性的"五性"要求，保护核心数据资产。数据采集类包括物联网采集与标准化采集 2 个小类，一共16 个标准规范。

物联网采集类别包括工程技术物联网系统井场实时数据采集规范、工程技术物联网系统井场组网建设规范、水电供应物联网数据采集规范、大型动设备物联网数据采集规范、环境监测物联网数据采集规范、维稳安保物联网数据采集规范、生活小区物联网数据采集规范 7 个标准。

标准化采集类别包括物探现场数据标准化采集规范、钻试修现场数据标准化采集规范、工程建设现场数据标准化采集规范、分析化验数据采集规范、动态监测数据采集规范、油气生产现场数据标准化采集规范、油气运销现场数据标准化采集规范、水电供应现场数据标准化采集规范、业务办公数据标准化采集规范等 9 个标准。

3. 通信网络标准规范

通信网络类标准为油田基础设施网络建设提供技术指导和管理规范，分为线路、通信机房环境、网络、传输 4 个小类，一共 12 个标准规范。

线路类别包括通信光缆线路建设规范、综合布线要求规范 2 个标准。通信机房环境类别包括机房建设规范、动环监控建设规范、网络设备间现场管理标准 3 个标准。网络类别包括局域网络建设规范、无线局域网络建设规范、语音交换规范、网络接入标准 4 个标准。传输类别包括光传输系统建设规范、卫星传输系统建设规范、微波传输系统建设规范 3 个标准。

4. 计算与存储标准规范

计算与存储类标准为完善服务器与存储、搭建企业云环境提供技术指导和管理规范，分为数据机房环境、计算资源、存储资源 3 个小类，一共 7 个标准规范。

数据机房环境类别包括数据中心设计规范、数据中心机房管理规范、数据中心标识系统规范、数据中心动力与环境监控系统建设规范 4 个标准。计算资源类别包括计算资源管理规范、数据中心云计算通用硬件配置规范 2 个标准。存储资源类别包括存储资源管理规范。

5. 数据管理标准规范

数据管理类标准为数据银行和数据湖建设、数据治理工作提供基础保障，为构建完整、健康的企业级数据生态提供标准支撑，分为数据模型、数据治理、数据库管理 3 个小类，一共 16 个标准规范。

数据模型类别包括数据模型设计规范、主数据模型、勘探开发业务数据模型、油气运销业务数据模型、设备物资业务数据模型、水电供应业务数据模型、安全环保计量业务数据模型、维稳安保业务数据模型 8 个标准。数据治理类别包括数据治理规范、勘探开发业务数据质控规则、油气运销业务数据质控规则、设备物资业务数据质控规则、水电供应业务数据质控规则、安环计量业务数据质控规则、维稳安保业务数据质控规则 7 个标准。数据库管理类别包括数据库运行管理规范。

6. 平台与应用标准规范

平台与应用类标准为基于云平台的软件开发及集成提供技术指导和管理规范，

分为云平台建设、服务中台、软件开发、软件集成、移动应用 5 个小类，一共 13 个标准规范。

云平台建设类别包括资源命名规范、云平台容器镜像管理指南、开发流水线流程体系指南 3 个标准。服务中台类别包括中台建设规范、中台管理规范、业务数据共享规范 3 个标准。软件开发类别包括软件设计规范、微服务开发规范、软件测试规范、系统缺陷管理规范、软件安全开发规范 5 个标准。软件集成类别包括油气软件接口标准。移动应用类别包括移动应用管理规范。

7. 网络安全标准规范

网络安全类标准为提升数据、网络、软件等核心资产、工控系统安全防护能力，满足安全合规性要求提供技术指导和管理规范，分为安全管理制度体系、安全通用技术、安全扩展技术、安全监测 4 个小类，一共 20 个标准规范。

安全管理制度体系类别包括安全管理制度体系、安全建设管理规范、安全运维管理规范等 3 个标准。安全通用技术类别包括机房场地安全管理标准、网络架构安全标准、通信传输安全标准、可信验证安全标准、边界防护安全标准、访问控制安全标准、应用安全标准、系统安全标准、数据安全标准、主机安全标准 10 个标准。安全扩展技术类别包括云计算安全标准、虚拟化安全标准、工控安全标准、物联网安全标准、移动应用安全标准、移动终端安全标准 6 个标准。安全监测类别包括安全监测标准。

8. 运维服务标准规范

运维服务类标准是各类业务应用运维工作必须遵循的标准规范，为油田统一运维工作提供技术指导和管理规范，分为运维监控与调度、通信网络运维、机房运维、数据运维、软件运维、桌面运维 6 个小类，一共 14 个标准规范。

运维监控与调度类别包括监控运维管理规范、运维调度管理规范 2 个标准。通信网络运维类别包括通信光缆线路维护规范、网络维护规范、传输系统维护规范、应急通信指挥车使用规范、VSAT 卫星小站安装拆除规范、固定电话安装拆除搬迁维修管理规范 6 个标准。机房运维类别包括通信机房运维规范。数据运维类别包括数据模型维护管理规范。软件运维类别包括云平台运维管理、软件运行维护管理、软件资产管理规范 3 个标准。桌面运维类别包括桌面运维管理规范。

二　网络安全体系

习近平总书记指出，没有网络安全就没有国家安全，没有信息化就没有现代化。网络安全和信息化是一体之两翼、驱动之双轮，必须统一谋划、统一部署、统一推进、统一实施。塔里木智能油田建设必须把网络安全作为先决条件，构建符合智能油田需求的网络安全体系，将网络安全策略部署到信息采集、信息传输、信息存储、信息共享、信息应用等每一个层次、每一个环节，就像人随时随地要保护自身生命和财产安全一样，时时刻刻做好网络安全防护。

塔里木智能油田网络安全体系，以国家网络安全等级保护 2.0 标准为参考，结合应用场景，主要包括管理体系、技术体系与运维体系（图 2-8-2）。既要保证国家标准的有效落地，满足网络安全管理合规性的要求，又要为油田数字化智能化建设提供安全保障。

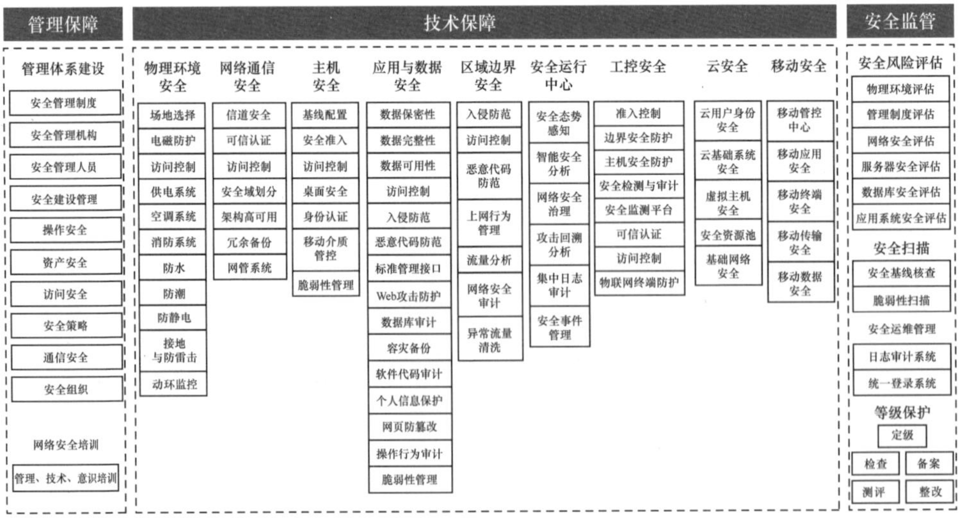

● 图 2-8-2　智能油田网络安全体系

1. 管理体系建设

做好网络安全工作三分靠技术，七分靠管理。管理体系建设主要包括以下几个方面。

一是制订网络安全管理实施细则。结合智能油田建设应用场景，制定了网络安全工作的总体方针和安全策略，安全工作总体目标、范围、原则和安全框架等。对安全管理活动中的各类管理内容建立安全管理办法，对管理人员或操作人员执行的日常管理操作建立操作规程，形成由安全策略、管理制度、操作规程、记录表单等构成的全面的安全管理制度体系，并且定期对安全管理制度的合理性和适用性进行论证和审定，对存在不足或需要改进的内容进行修订。

二是成立安全管理机构。成立网络安全工作委员会或领导小组，主要负责人是网络安全第一责任人，分管网络安全的领导是直接责任人，设立网络安全管理工作的职能部门，设立安全主管、安全管理各个方面的负责人岗位，并定义各负责人的职责，定期进行全面安全检查，检查内容包括现有安全技术措施的有效性、安全配置与安全策略的一致性、安全管理制度的执行情况等。

三是配备安全管理人员。上岗前对安全人员的身份、安全背景、专业资格或资质等进行审查，对其所具有的技术技能进行考核，评估合格后方可进行安全管理工作，人员离岗时终止离岗人员的所有访问权限，取回机构提供的软硬件设备。另外，要加强对网络安全管理人员的培养，网络安全工作对管理人员的专业素养要求很高，涉及信息化建设的方方面面，知识面广，知识更新迭代快，对物理环境、网络、通信、硬件、操作系统、中间件、应用和数据、物联网、云计算、移动应用以及工控安全都得有所了解，因为这些都是安全保障的对象。干好这项工作要不断加强专业知识学习。

四是加强安全建设管理。按照网络安全等级保护要求，在智能油田项目建设过程中保证系统与网络安全技术措施同步规划、同步建设、同步使用。可行性研究报告明确信息系统和数据的等级保护级别、涉密级别及灾难恢复级别，并根据相应级别的要求编写网络安全保护方案和投资估算。

五是培育安全文化。结合油田过去处理安全事件来看，很多安全事件都是员工缺乏安全意识导致，安全意识的提升可以弥补技术防护的不足，起到降本增效的作用。安全意识的培养不是一朝一夕一蹴而就的，需要一个持续开展、不断完善的过程。通过采取网络安全培训、规章制度学习解读、参与网络安全工作等丰富多样活动方式来不断促进网络安全文化建设。

2. 技术体系建设

技术体系建设涵盖数字化建设全生命周期，从信息采集、信息传输、信息存储、信息应用各个阶段配套技术保障措施，技术体系建设内容包括物理环境安全、网络通信安全、主机安全、应用与数据安全、区域边界安全、安全运行中心、工控安全、云安全、移动安全。

物理环境安全，是一切系统安全的基础。在机房改造、数据中心建设过程中，从机房选址，员工、外来访问者进入机房的权限控制，机房的报警、电子监控以及防火、防水、防静电、防雷击、防鼠害、防辐射、防盗窃、火灾报警及消防措施、内部装修、供配电系统等方面进行安全防护，确保物理环境安全。油田数据中心基本满足物理环境安全的各项指标，部署动环监测系统，具备防火、防水、防雷、放静电等多种防护措施，人员出入实行严格管控。

网络通信安全作为网络通信基础设施，其硬件性能、可靠性，以及网络架构设计在一定程度上决定了数据传输的效率。带宽或硬件性能不足会带来延迟过高、服务稳定性差等风险，也更容易因拒绝服务攻击导致业务中断等严重影响。架构设计得不合理，如设备单点故障，可能会造成严重的可用性问题。交换机、路由器、防火墙等网络基础设施及其本身运行软件也会存在一定的设计缺陷，安全风险主要包括数据库系统漏洞、操作系统和应用系统编码漏洞等，从而导致此类设备在运行期间极易受到黑客的攻击。网络通信协议带来的风险更多地体现在协议层设计缺陷方面，虽然事件发生的可能性较低，但是缺陷一旦被安全研究人员披露，特别是安全通信协议，可能会对网络安全造成严重影响。塔里木智能油田建设从网络架构、边界防护、访问控制、入侵防范、恶意代码防范、安全审计和集中管控等方面，对油田网络安全架构进行切实有效的安全防护，保证了网络通信安全。

主机安全，是指保证主机在数据存储和处理的保密性、完整性、可用性，包括硬件、固件、系统软件的自身安全，以及一系列附加的安全技术和安全管理措施，从而建立一个完整的主机安全保护环境。从安全基线、身份认证、桌面安全、访问控制和安全准入等方面指导数字油田个人终端、服务器、数据库等主机安全环境建设。

应用与数据安全，是指信息系统在应用层面存在脆弱性进而受到内外部威胁影响的可能性。应用安全风险主要包括病毒蠕虫、木马、口令猜测及暴力破解、拒绝服务攻击、SQL 注入、跨站脚本（XSS）注入、图片嵌入恶意代码、本地 / 远程文件包含、任意代码执行、远程命令执行、请求伪造、任意文件上传下载、任意目录遍历、源代码泄露、调测信息泄露、JSON 挟持、第三方组件漏洞攻击、溢出攻击、变量覆盖、网络监听、会话标志攻击、越权和非授权访问、反序列化、APT 攻击等。研究表明，大多数的安全漏洞来自软件自身，并且已经超过网络、操作系统的漏洞数量。数据安全风险是数据或信息被非授权访问、泄露、修改或删除。应用与数据安全贯穿于油田信息传输、信息存储、信息共享和信息应用等层次，通过管理和技术两方面对其进行安全防护，有效支撑数字油田应用系统和数据的安全。

区域边界安全，是对系统的安全计算环境边界，以及安全计算环境与安全通信网络之间实现连接并实施安全策略的相关部件。通过划分不同的网络边界，从边界防护、访问控制、入侵防范和安全审计等方面进行安全建设和防护，既保证系统安全运行，又能确保数据高效完整传输。

安全运行中心。塔里木油田网络安全从传统的点对点、围墙式的被动防御体系，逐步转换为以攻防实战对抗、提高安全风险监测预警效率与应急处置能力为主的主动防御体系。通过引入威胁情报系统、数据挖掘、人工智能和机器学习等新技术，以大数据框架为基础，以攻防场景模型的大数据分析及可视化展示为手段，构建了安全态势全面监控、安全威胁实时预警、安全事件紧急响应的能力，将看不见的安全威胁、安全漏洞可视化，协助安全管理人员和决策人员快速发现和分析安全问题，并通过实际的运维手段实现网络安全事件闭环管理。

工控安全。根据国家和中国石油的要求，从网络安全边界、建立白环境机制、网络流量监控、数据备份、管理体系建设等方面进行安全建设，有效保证油田工控系统安全。

云安全，是云计算技术的重要分支，是传统 IT 领域安全概念在云计算时代的延伸，已经在反病毒领域获得了广泛应用。智能油田开放的网络和业务共享场景更加复杂多变，安全性方面的挑战更加严峻，一些新型的安全问题变得比较突出，如多个虚拟机的安全运行，海量数据的安全存储等。塔里木油田云安全防护从云平台基础防护和云上系统安全防护两个方面进行，基础安全能力与云技术平台的深度结合，构筑云平台基础防护能力，并为云上应用系统安全防护提供支撑。

移动安全。移动办公安全建设将从移动终端安全、传输信道安全、移动应用安全、数据安全等方面开展，增强移动应用全生命周期的防护能力。

3. 监控体系建设

要把制度体系落地，把技术体系中工具和技术运用好，关键要落实在日常监控中。日常监控体系建设内容主要包括以下几个方面。

一是定期开展网络安全风险评估。通过引入第三方专业网络安全评估机构，对油田的网络安全进行评估，参照风险评估标准和管理规范，对系统的资产价值、潜在威胁、薄弱环节、已采取的防护措施等进行分析，判断安全事件发生的概率以及可能造成的损失，提出风险管理措施。

二是建立一套完善高效的网络安全应急保障体系，及时通报最新的网络安全状况，快速协调相关部门处理网络安全事件。

三　统一运维体系

塔里木智能油田采用全新的技术架构、物联网系统、标准化采集平台、信息传输网络、信息存储、数据银行与区域湖、基础底台、服务中台、应用前台、应用商店以及个性化门户、网络安全等，每一个层面在物理部署、实际应用中都呈现点多线长面广、技术相互融合的特点，牵一发而动全身，一个点的故障往往会影响到全局的正常运行，运行维护保障工作面临新的挑战。因此，需要建立统一的运维保障体系和长效机制，为油田主营业务数字化转型提供信息技术支撑和服务。

塔里木油田的信息运维工作以"770"一站式运维调度为枢纽，以 7×24 小时一体化运维监控调度平台为支撑，以中国石油内部支持队伍为基础，建成一级现场维护、二级专业支持、三级专家咨询的统一运维体系，实现了统一运维标准、统一业务整合、统一技术平台、统一运维管理，不断扩大统一运维范围，提升运维服务质量，保障了智能油田正常运行（图 2-8-3）。

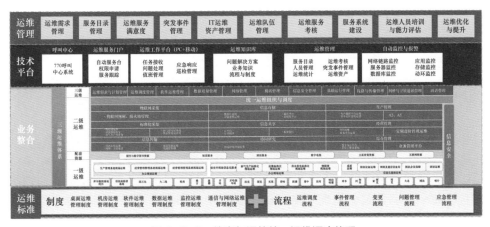

● 图 2-8-3　信息与通信统一运维调度体系

运维资产管理是整个运维管理体系的基石，实现运维资产数据有效精确、精细化管理，保障运维数据完整性、准确性，为 IT 运维自动化、智能化提供基础数据保障，是统一运维体系的基础。油田通过基础网络资源梳理实现了网络资源管理的标准化，建立了油田应用开发运维一体化模式，形成了基于区域云平台的应用资产自动化管理模式。高效的一体化运维技术平台，实现了油田信息资产物理资源、逻辑资源、应用资源和业务资源的统一监控和管理。

1. 统一运维标准

基于 ITIL、ISO20000、ITSS 等业界运维管理相关标准，结合塔里木油田实际业务需要，完善油田运维服务保障体系，从制度上、流程上实现智能油田统一的运维技术标准和管理标准（图 2-8-4）。

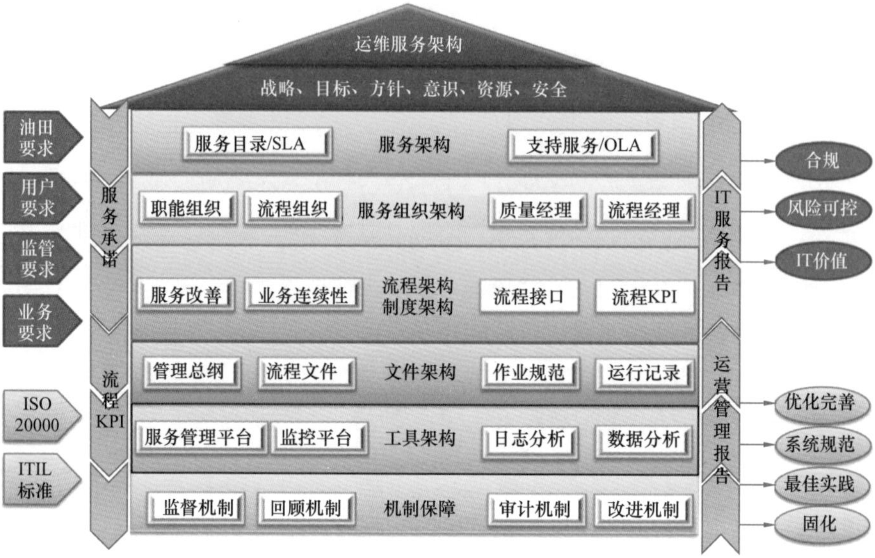

图 2-8-4　统一运维标准架构

2. 统一技术平台

油田建立统一的网络资源管理平台，实现了“770”统一服务接入、自动化监控、统一服务调度，实现了资源优化配置和知识共享。通过增强协作能力和运维技术支撑，缩短问题响应时间。通过移动端、PC 端协同调度应用，实时跟踪、及时反馈、在线评价运维质量，为油田信息与通信安全高效运行提供支撑（图 2-8-5）。

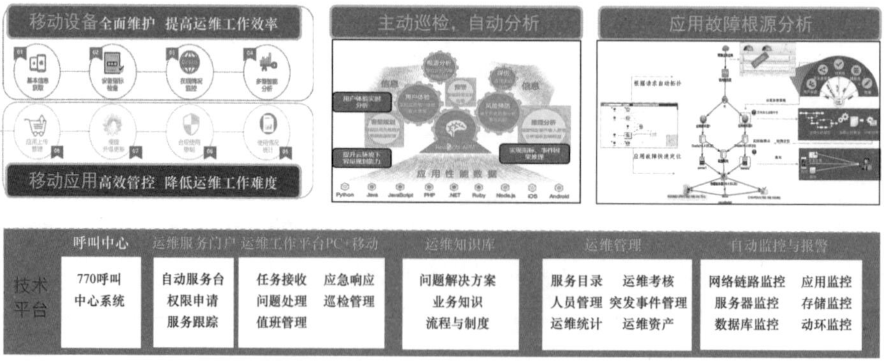

图 2-8-5　一体化运维监控与调度平台架构

一体化运维监控与调度平台实现了对云平台等 IT 软硬件基础设施的自动监控与报警闭环管理。油田存储、服务器、数据库、中间件、视频、网络管理状况通过一体化运维监控平台实现可视化监控与管理。网资源管理使管理者对油田光传输干线、支线分布一目了然。区域云平台实现了应用从开发、测试、发布的一体化管理。

3. 统一业务整合

建立一级现场维护、二级专业支持、三级专家咨询的三级运行模式，将桌面、办公网、公共信息网、WiFi、视频会议、应用系统、通信、前线机房管理等业务进行分区域、分类别整合与全面覆盖，统一管控、前后方协同运维（图 2-8-6）。

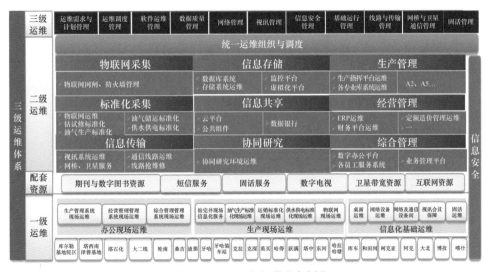

● 图 2-8-6　三级运维业务划分

一级运维面向用户现场实现分区驻点综合运维。实现覆盖全油田基地和前线区域信息化现场维护服务，提高综合问题处置能力。一是为信息化现场基础性运维服务，包括桌面、网络设备维护、网络及通信设备间、固话、视讯及会议保障；二是为油气生产现场应用运维服务，包括钻完井现场、油气生产现场、运销、水电现场标准采集信息运维服务、物联网现场运维。一级运维的关键作用是将信息化的触角直接与用户对接，为用户提出的直接问题形成快速响应能力。用户现场涉及的信息化专业较多，一级运维团队需形成各专业的现场综合能力，通过知识赋能和不断的培训强化，形成一级运维标准化运维服务。

二级运维提供专业技术运维支持。实现油田网络管理、信息安全管理、电话语音管理、视讯系统管理、软件应用系统运维支持、梦想云平台运维支持、应用系统基础应用环境的专业化运维。二级运维队伍是以各专业化承包商队伍为主实现运维服务，在油田核心网络管理、视讯系统管理、智能油田应用云环境以及核心机房数据库管理方面，掌握核心能力和关键技术，不断优化智能油田上层应用支撑能力，提高用户对信息化的感知获得感。在软件应用服务方面，按照类别分为云平台、数据湖、统一门户应用、公共应用和服务、经营管理类和专业应用四类。专项服务为提供油田公共的信息化专项资源与服务，包括期刊、电子图书、短信、互联网资源、数字电视、卫星、网桥、网络与通信线路维护。

三级运维实现专业运维管理、技术保障。由油田信息技术部门专业人员组成，负责油田核心系统、核心技术的运维管理，负责运维服务规划和运行监督，负责对运维承包的考核、监督过程管理，安全、保密和技术培训管理。

4. 统一运维管理

统一运维管理针对人员、过程、资源、技术等ITSS运维服务能力四要素进行统一标准化管理（图2-8-7）。通过简洁、高效和协调的流程，有效连接人员、技术和资源，按照规定的方式方法开展运维活动，实现可重复、可度量和明确的运维服务目标，提升现场综合处理能力，逐步降低维护成本。

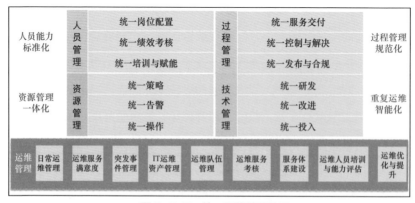

● 图2-8-7　统一运维管理体系

第三章
智能油田应用成效

塔油"坦途"的诞生标志着塔里木智能油田实现了从"0"到"1"的突破，为油田数字化转型智能化发展带来了前所未有的新动力。塔油"坦途"实现了油田生产现场及业务过程数据的全面感知，实现了生产实时数据的自动化采集入库，推动了基层工作和现场作业的标准化管控和日常生产动态数据的标准化采集，提供了智能视频分析、前后方视讯交互会商等生产现场的边缘计算应用能力。塔油"坦途"链接所有生产现场和油田基地，让生产现场的实时数据和日常动态数据从现场动态库经过数据治理进入区域数据湖，供各业务场景的高速共享，让油田各类业务管理和生产指挥随时随地了解现场情况、洞悉生产动态、高效协同工作和精准指挥决策。塔油"坦途"协同工作门户提供"我的应用我做主"的个性化定制能力，个人工作间总揽业务应用、掌控工作任务、洞悉生产动态、共享成果资料，业务应用中产生的成果数据又高效入湖共享，形成闭环的数字化生态，促进了油田数据共享生态、业务智能报表、地质与工程协同研究、油气生产智能管控和钻完井远程技术支持等多方面数字化转型。

第一节　六全数据共享生态

从数据源头标准化采集到区域数据湖存储管理，从数据中台和业务中台的高效共享到协同工作门户的统一展现，各业务应用过程中产生的数据再汇聚到区域数据湖中，塔里木油田初步建成了"坦途"数据共享新生态（图3-1-1）。通过数据治理体系建立与持续驱动，"坦途"数据共享生态正在逐步提升油田数据资产管控、数据服务治理能力，助力塔里木油田数字化转型高质量发展。

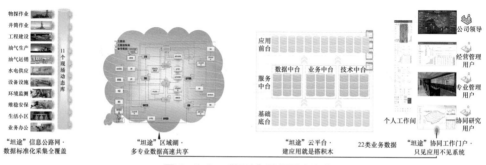

● 图3-1-1　"坦途"数据共享生态

"坦途"初步建成了数据标准全统一、数据源头全覆盖、业务数据全链接、数据治理全方位、数据通道全可溯和数据服务全自助的"六全"数据共享生态。

一　数据标准全统一

区域数据湖建立了覆盖全油田从数据采集、传输、存储、共享、应用等环节统一的数据标准和规范，保证了数据入湖质量，提高了数据共享应用效率。

通过物联网数据采集标准建设，保证了钻完井、油田生产、水电供应、设备监测、维稳安保、生活小区等现场数据的自动化采集。

通过手工标准化数据采集规范建设，保证了勘探开发（包括物探、钻井、录井、测井、试油、井下作业、分析化验、生产测试、油气生产、采油气工艺、地质油藏、圈闭、矿权、储量及地面工程等）、油气运销、设备管理、水电供应、综合办公等业务数据的标准化采集。

通过数据存储模型及数据治理规范标准建设，保证了勘探开发（包括物探、钻井、录井、测井、试油、井下作业、分析化验、生产测试、油气生产、采油气工艺、地质油藏、圈闭、矿权、储量及地面工程）、油气运销、设备管理、水电供应、业务办公等业务数据的模型标准及数据质控规则，健全"谁产生、谁负责"的数据质量责任机制。

通过共享数据集规范及应用接口规范建设，保证了以油田数据资产为基础的数据湖共享服务数据集及应用服务接口，为各类用户提供高效、快捷的数据服务，构建全面的数据服务地图。

统一的数据采集标准、存储模型标准、数据治理标准和数据服务标准，让各生产单位的数据采集、数据入湖、数据治理走上标准化、规范化的轨道。油田业务数据资产统一进行存储管理，使入湖数据达到"五性"要求。基于统一的数据服务，为油田业务流程优化再造、生产指挥决策及信息化转型升级提供数据支持和保障（图 3-1-2）。

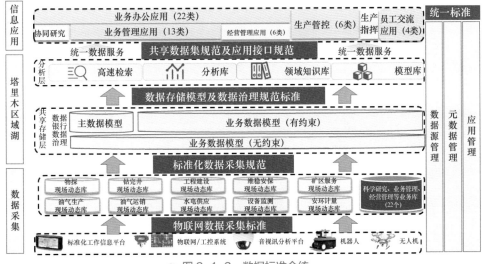

● 图 3-1-2　数据标准全统一

二　数据源头全覆盖

区域数据湖的业务数据覆盖了勘探开发（包括物探、钻井、录井、测井、试油、井下作业、分析化验、生产测试、油气生产、采油气工艺、地质油藏、圈闭、矿权、储量及地面工程等）、油气运销、设备管理、水电供应、综合办公等业务领域，覆盖了各业务活动阶段（如设计、实施、验收、总结、评价等）所产生的数据，各数据源单位按采集标准进行规范采集，保证业务数据全面、准确，严控源头数据质量。数据源头采集流程如图 3-1-3 所示。

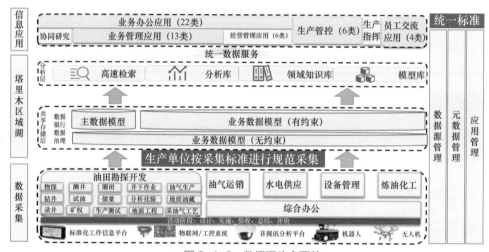

● 图 3-1-3　数据源头全覆盖

三　业务数据全链接

区域数据湖管理工具统一管理主数据，统一对外发布主数据服务，确保主数据横向贯穿 15 大业务域，纵向引领 40 类专业，保证油田各动态库、业务库的主数据一致性。基于主数据的业务数据全链接逻辑图如图 3-1-4 所示。

主数据通过集中的采集功能和数据中台服务能力，保障了主数据的唯一权威源采集和统一数据服务。主数据统一采集方式从管理角度实现了主数据的统一入口，

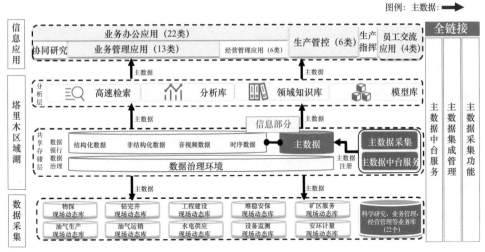

● 图 3-1-4　业务数据全链接

适用于业务关联度较弱的主数据，比如组织机构、人员等；主数据中台服务方式从技术上实现了主数据的统一采集，适用于业务关联度较强的主数据，比如井、井筒、设备、站库等。不同业务场景使用不同的主数据管理方式，保障主数据的权威与准确。

主数据的科学有效管理是业务全链接的重要基石，是数字孪生建立的基础条件，能够贯通业务活动的核心价值链，为数字化转型夯实根基。

四　数据治理全方位

完善的数据治理体系从管理和技术两方面推动了数据资源向数据资产的转换，保障数据的采集、存储、质控、清洗的循环机制，促进了"金"数据资产的不断沉淀，提升了数据价值。数据治理体系如图 3-1-5 所示。

在管理方面，按照"谁管理谁负责"的原则，划分各业务领域数据管理职责，各业务主管部门组织编制各自负责领域的数据管理细则，组织开展源头采集及相关数据治理工程。

在技术方面，通过元数据管理功能统一数据模型标准、统一数据采集源头，按照业务流与数据流统一的方式，纵向解决重复录入和数据质量问题。通过数据质控功能，按照配置的业务规则，在数据采集、数据入湖、数据资产评估等多个环节检

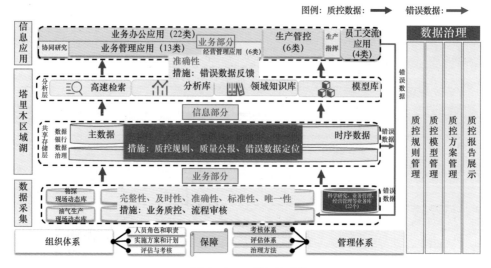

● 图 3-1-5 数据治理体系

查数据质量，发现数据问题，促进数据质量提升。此外，建立问题数据发现和反馈机制，按照"谁产生、谁负责"的原则进行数据治理，达到"以用促治"的数据更新迭代效果。

数据治理工具包括元数据管理、主数据管理、质控规则管理、质控模型管理、质控方案管理、质控报告管理等数据质控功能。以元数据、主数据管理为基础，通过质控的规则管理、模型管理、方案管理等功能，实现数据质控规则灵活配置，满足新数据入湖、历史数据迁移和数据资产评估三大场景需要，从而支撑油田数据资产从采集、存储到应用的三级质控体系。

数据源头由业务部门纵向数据质量把关，数据银行由信息部门横向数据质量监督，在数据应用时由应用部门"以用促治"、反馈数据问题、持续完善数据质量，各部门紧密协作，共建数据治理体系，共享数据资产价值，形成全方位数据治理循环机制。

五　数据通道全可溯

数据进入区域数据湖要经过严密的工作流程，层层把关，确保入湖数据质量。

首先，确定数据的权威源，从权威数据源将数据同构同步到贴源层，在贴源层统一进行 UID 转换等处理。接着，从贴源层推送到数据治理层，在推送过程中进行数据结构转换和属性规范值标准化，同时在治理层开展质量扫描，质量合格的数据再从治理层到数据银行。最后，从数据银行到数据分析层进行共享应用。

按照功能需求进行的多层存储，基于多种 ETL 工具的数据流转，对数据的状态监控和追溯成为非常重要的需求。为了实现从源头到数据湖的数据快速、正确流转以及信息统计、监控，塔里木油田配套开发了数据集成监控功能，清晰了解入湖数据资产情况及工作过程，保障结构化数据、非结构化数据及时序数据高质量高效的入湖，实现数据通道全可溯，为信息应用层提供有效的数据支撑。数据流转机制如图 3-1-6 所示。

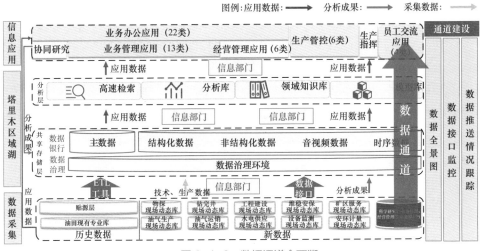

● 图 3-1-6 数据通道全可溯

六 数据服务全自助

基于区域湖高速检索、大数据分析、知识应用、智能 AI 等数据共享服务能力，能够为各应用开发团队提供高效的数据服务和数据分析租户环境。开发人员通过数据服务地图自助获取数据的元数据结构，敏捷调取各种类型的数据服务，实现应用与数据分离。这就将开发人员从底层复杂的数据逻辑了解和数据结构分析中解放出来，专注于业务功能实现，大大提高程序编码的效率和专业性。数据服务全自助服务流程如图 3-1-7 所示。

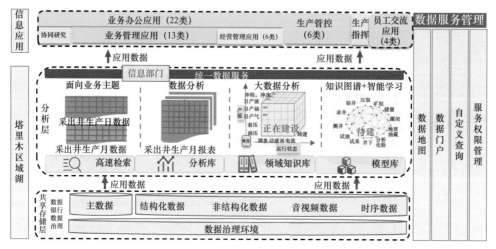

图 3-1-7　数据服务全自助

随着信息技术的不断进步，数据采集与汇聚、存储与管理、治理与应用的方式和方法将会不断地创新，必将在数据湖、人工智能、知识图谱、数字孪生等领域深度融合，基于统一数据湖的塔里木油田数据新生态将能更快地适应时代的要求，支撑更丰富的智能化应用。

第二节　报表一键智能生成

报表是传递信息的重要载体。石油企业的生产和经营报表更是具有报表数据来源多、填报过程复杂、表间关系关联度高、格式复杂多变的特点。现有商业报表工具，例如 Crystal Report、FormulaOne、Quick Report 等，配置繁琐、格式固定、修改维护工作量大，报表生成过程中仍然存在大量手工填报和二次数据加工。一份报表往往需要多人、多个部门协作才能完成，耗费了基层员工、专业技术员工以及管理人员大量的时间和精力。因此消除大量的手工报表是企业各级领导和基层员工最关注的基本问题。

"坦途"实现了塔里木油田油气生产与经营报表的一键智能生成，取消了两级机关的手工填报报表。"坦途"边缘层以自动采集为主，辅以必要的人工采集，实现现场源头数据标准化采集，保证了报表数据的源头活水；源头数据按照数据"五性"要求治理后，进入"坦途"区域数据湖，依照强逻辑关系进行数据关联，按照业务领域组织成不同报表所需的数据，构建相应业务数据服务；"坦途"报表中心对报表进行设计、组装和发布，根据用户不同的岗位职责自动推送报表，最终用户在自己的"坦途"工作门户就能一键查看各自所需的报表。报表一键智能生成流程如图 3-2-1 所示。

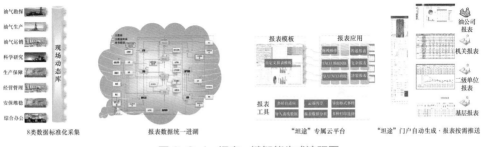

● 图 3-2-1 报表一键智能生成流程图

一　区域数据湖提供报表服务

区域数据湖是一个存储油田勘探、开发、生产、储运原始数据的大型仓库，为大规模数据数据处理和智能分析提供基础服务。区域数据湖从 8 类动态库获取结构化和非结构化数据，作为报表基础数据，并且针对不同的报表和不同层级用户的报表需求，将区域数据湖中的原始数据，处理为相应的中间数据。

数据湖中报表数据按照业务领域全量数据进行组织，实现抽象的、统一的报表数据服务，减少业务变更对上层报表数据的应用影响。报表数据源包括物联网传感器自动采集数据和生产现场人工标准化采集数据，各类数据通过业务审核机制进入数据湖。数据湖对基础数据进行转换、处理，利用元数据和规则引擎进行校验，形成服务 API 接口，确保数据的正确性、唯一性和完整性。报表数据服务建立机制如图 3-2-2 所示。

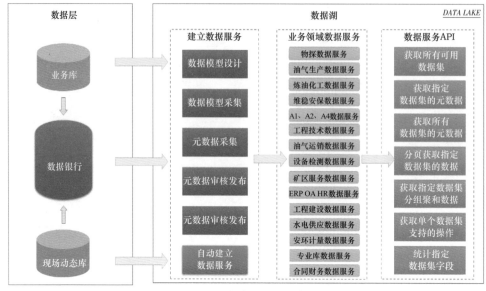

● 图 3-2-2　报表数据服务建立机制

1. 数据加载与处理

　　基于不同的报表数据 API 接口数据集，从不同的服务数据源获取数据并加载到湖中。加载过程首先是定义抽取规则，由连接器定时、定期或者实时主动抽取数据；然后对数据进行抽取、清洗、整合、转化等预处理；最后按照预定义数据模型进行快照式存储，待上层报表应用统一调用。图 3-2-3 为报表数据源加载流程。

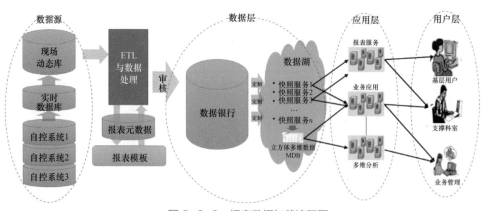

● 图 3-2-3　报表数据加载流程图

现场生产报表主要基于现场动态库建立统一的报表数据抽取与处理服务，通过对报表数据源、业务模型、数据关系、存储规则、数据快照等进行在线定制，实现对报表数据的预处理，全面提升现场报表展示效率。现场生产报表数据处理图如图 3-2-4 所示。

● 图 3-2-4　现场生产报表数据处理图

数据湖的报表数据服务使用"统一身份认证"进行授权，按照 Rueful 标准，提供加密数据服务，保障数据访问的安全性。通过定义特定领域的有限表达法（Domain-specific language，DSL）查询规则，减少数据服务 API 的数量，同时为主流开发语言提供封装的报表调用开发包，降低客户端的访问难度，增加访问报表的灵活性。

2. 报表定制

报表定制是基于"坦途"区域云平台的公共组件定制的轻量级应用，实现报表的开发、查询、分析、转换、导出等功能，满足用户基于业务不同维度灵活定制的应用需求，进一步提升报表组件的易用性与通用性。同时整合已有系统的应用报表，按照业务领域组合以 Portal 方式展现，让报表用户使用更便捷方便。图 3-2-5 为报表定制界面。

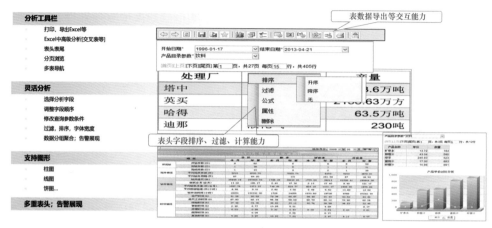

● 图 3-2-5　报表定制界面

　　报表定制如何满足智能、灵活、多变的需求呢？具体做法是将报表涉及的模板、算法及查询参数等配置表固化到数据湖服务中。配置表包括模板表、算法表、参数表及参数项表（表 3-2-1 至表 3-2-4）。模板表主要存放报表的模板信息，算法表主要存放报表算法的 SQL 语句，参数表主要存放报表查询条件的主表，参数项表主要存放报表查询参数项。

表 3-2-1　模板表

表名	字段名	字段类型	字段说明
xrpt_template	id	int	模板表主键
xrpt_template	code	varchar（100）	报表代码
xrpt_template	isCatalog	bool	是否为分类查询
xrpt_template	template	text	存放报表设计的 xml 模板
xrpt_template	remark	text	模板用途说明

表 3-2-2　算法表

表名	字段名	字段类型	字段说明
xrpt_algorithm	id	int	算法表主键
xrpt_algorithm	rpt_id	int	关联的模板 id
xrpt_algorithm	para_id	int	关联的参数 id
xrpt_algorithm	catalog_order	int	分类查询的顺序

表名	字段名	字段类型	字段说明
xrpt_algorithm	catalog_name	Varchar（50）	分类查询的名称
xrpt_algorithm	title	varchar（100）	算法标题
xrpt_algorithm	name	varchar（1000）	算法的名称
xrpt_algorithm	sql	text	存放算法的 sql 语句
xrpt_algorithm	db_name	varchar	存放数据源名称
xrpt_algorithm	remark	text	算法说明

表 3-2-3　参数表

表名	字段名	字段类型	字段说明
xrpt_parameter	id	int	参数表主键
xrpt_parameter	name	varchar（1000）	查询参数的名称
xrpt_parameter	remark	text	查询参数说明

表 3-2-4　参数项表

表名	字段名	字段类型	字段说明
xrpt_parameter_entity	id	int	参数项表主键
xrpt_parameter_entity	para_id	int	所属的参数 id
xrpt_parameter_entity	order	int	参数项显示顺序
xrpt_parameter_entity	code	varchar（50）	参数项代码
xrpt_parameter_entity	type	varchar（50）	参数项类型
xrpt_parameter_entity	db_name	varchar（50）	存放数据源名称
xrpt_parameter_entity	sql	text	存放算法的 sql 语句
xrpt_parameter_entity	default	varchar（500）	参数项默认值
xrpt_parameter_entity	is_update	bool	是否更新其他参数项
xrpt_parameter_entity	update_to	int	要更新的参数项 id

　　像油气藏报表、油气生产综合报表等油田企业级报表都比较复杂，原报表工具和所提供的功能虽强大，但其配置繁琐不够灵活，无法满足个性化需求。而基于数

据湖的报表智能数据服务就可满足复杂报表和个性化报表的需求，各类报表数据都在数据湖中进行预制加载，同时配置简单，不论业务使用者还是开发者只要懂一点 SQL 或 Excel 就能配置报表，大大降低了报表的使用门槛。

报表服务与报表展示都采用 XML 配置方式进行在线设计，基于 XML 解析成标准的 HTML 报表格式，再从数据湖抽取的数据形成前端展示的报表。具体过程如图 3-2-6 所示。

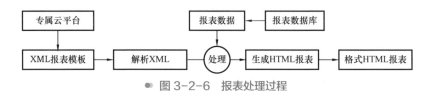

● 图 3-2-6　报表处理过程

二　服务中台实现报表装配

1. 报表装配间功能

"坦途"区域数据湖提供报表数据服务，"坦途"区域云平台的报表装配间则为用户提供报表模板服务、报表配置、数据权限、报表设计器等组件功能，支持报表图表分析、向下钻取、自定义查询等操作。通过在装配间的浏览工具可对数据报表进行条件过滤、多表关联等操作，用户通过简单配置即可实现多种可视化的报表装配。

"坦途"区域云平台的报表装配间，可将数据资源进行报表应用化，供各业务报表使用。通过装配间的模板文件为各专业所需的报表和图形提供支撑，让"坦途"区域云平台的各类报表具有零编码、拖拽式操作、协同制表、多屏自适应、云端共享的功能。报表生成具有多专业复用、多方式种导出、多类型种打印、在线导入 excel 数据的特点。图 3-2-7 所示为装配间的功能结构和应用特点。

"坦途"区域云平台构建的报表中心，可统一管理油田各业务领域报表，依托不同权限的岗位定制应用，可集中和分层级的统一管理各业务领域的报表，分类建立不同的报表实现模式，统一报表应用结构，满足各级用户报表应用需求。图 3-2-8 为统一报表应用结构的处理流程。

功能结构　　　　　　　　　　　　　　　　　应用特点

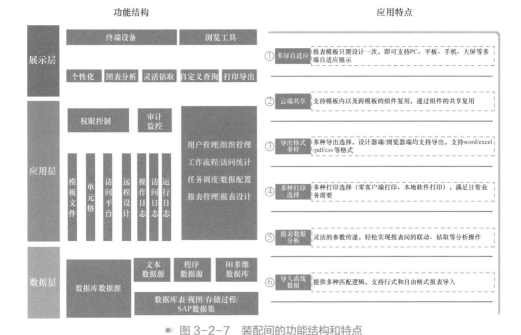

展示层

终端设备　　浏览工具

个性化　图表分析　灵活钻取　自定义查询　打印导出

① 多屏自适应　报表模板只需设计一次，即可支持PC、平板、手机、大屏等多端自适应展示

应用层

权限控制　　审计监控

用户管理|组织管理
工作流程|访问统计
任务调度|数据配置
报表管理|报表设计

模板文件　单元格　访问平台　远程设计　操作日志　访问日志　运行日志

② 云端共享　支持模板内以及跨模板的组件复用，通过组件的共享复用

③ 导出格式多样　多种导出选择，设计器端/浏览器端均支持导出，支持word/excel/pdf/csv等格式

④ 多种打印选择　多种打印选择（零客户端打印、本地软件打印），满足日常业务需要

⑤ 报表数据分析　灵活的参数传递，轻松实现报表间的联动、钻取等分析操作

数据层

数据库数据源　　文本数据源　程序数据源　BI多维数据库

数据库表/视图/存储过程/SAP数据集

⑥ 导入离线数据　提供多种匹配逻辑，支持行式和自由格式报表导入

● 图 3-2-7　装配间的功能结构和特点

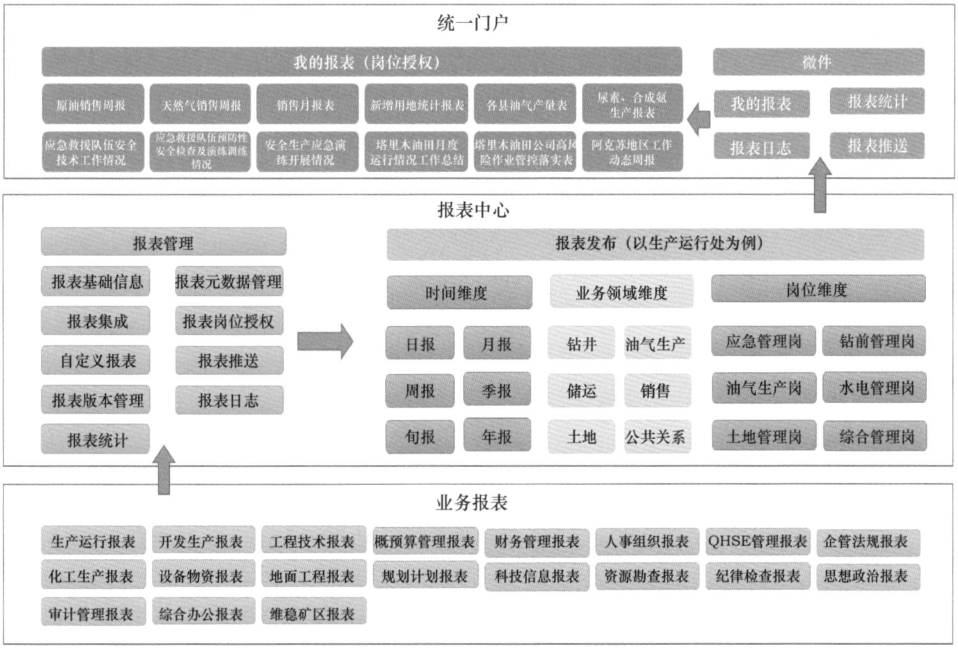

统一门户

我的报表（岗位授权）

原油销售周报　天然气销售周报　销售月报表　新增用地统计报表　各县油气产量表　晨煮、合成氨生产报表

应急救援队伍安全技术工作情况　应急救援队伍消防安全检查及演练训练情况　安全生产应急演练开展情况　塔里木油田月度运行情况工作总结　塔里木油田公司高风险作业管控落实表　阿克苏地区工作动态周报

微件

我的报表　报表统计

报表日志　报表推送

报表中心

报表管理

报表基础信息　报表元数据管理
报表集成　报表岗位授权
自定义报表　报表推送
报表版本管理　报表日志
报表统计

报表发布（以生产运行处为例）

时间维度　　业务领域维度　　岗位维度

日报　月报　钻井　油气生产　应急管理岗　钻前管理岗

周报　季报　储运　销售　油气生产岗　水电管理岗

旬报　年报　土地　公共关系　土地管理岗　综合管理岗

业务报表

生产运行报表　开发生产报表　工程技术报表　概预算管理报表　财务管理报表　人事组织报表　QHSE管理报表　企管法规报表

化工生产报表　设备物资报表　地面工程报表　规划计划报表　科技信息报表　资源勘查报表　纪律检查报表　思想政治报表

审计管理报表　综合办公报表　维稳矿区报表

● 图 3-2-8　统一报表应用结构

2. 报表装配流程

"坦途"区域云平台的报表装配间提供两种报表装配流程。

1）基础报表装配流程

通过报表装配间建立数据连接，调取数据湖中的数据集，建立业务或个人模板，根据数据集和报表模板对应报表中心中不同维度的报表编目，业务人员按需选取合适的报表编目模板并与报表服务进行映射，所需的报表就可装配完成，完成后可进行报表预览发布。图 3-2-9 为基础报表装配流程。

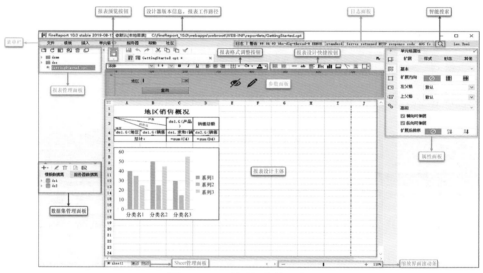

● 图 3-2-9　基础报表装配流程图

2）复杂报表装配流程

先由开发人员根据数据湖所提供的数据结构，在报表中心不同维度的编目中确定编目，构建业务报表数据集合，进行报表模板绘制后放入报表中心待用户应用。普通用户通过个人工作间从已有数据集合中选取所需数据，组成用户自定义报表。用户可以按卡片和列表方式查看数据报表，也按目录或自定义查看数据报表。图 3-2-10 所示为复杂报表装配流程。

"坦途"区域云平台的报表装配间大大减少了开发报表页面的工作量以及后期运维的工作量。以 200 张报表为例，原来需要 1 人 / 天 / 报表，共需要 200 人 / 天，通过区域云平台生成智能报表降低到 25 人 / 天，大大缩短了人工，提升了工作效率。

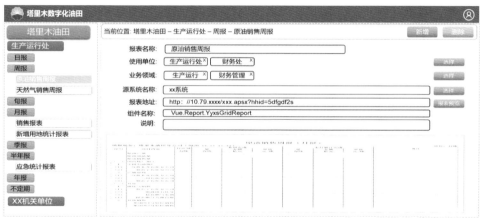

● 图 3-2-10　复杂报表装配流程图

三　工作门户一键智能生成报表

通过"坦途"区域云平台的报表装配间，油田所需的报表都装配完成后，各业务阶层多样化的报表需求已预制完成。基于"坦途"工作门户的应用组件就可一键生成不同阶层的数据报表，为管理、分析、应用层提供辅助的数据支持。

1. 报表一键生成的方式

"坦途"工作门户实现报表一键智能生成、按需推送。通过 8 大类报表数据统一进湖，基于数据湖组装的报表服务，服务中台的报表装配，依托"坦途"统一工作门户，将分散在各业务中的报表进行统一管理，实现报表的一键生成、按需推送，满足油田各级用户对报表应用需求。

根据不同业务领域对报表的需求，"坦途"工作门户按需进行报表生成。对于研究报表，从数据湖抽取数据，辅以人工分析方式进行数据填报，实现研究类报表自动生成、按需推送；对于基层生产运行报表，以数据湖中工控实时数据加人工补充校正方式生成，实现生产运行报表按时按点自动生成；对于经营管理报表，以数据湖 ETL 数据抽取和人工补充录入方式生成；对于综合管理报表，主要以基础数据抽取加人工二次加工处理的方式生成，通过区域云平台进行按岗位实时推送。图 3-2-11 是不同领域智能报表生成逻辑流程图。

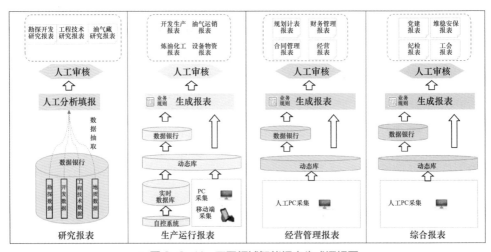

● 图 3-2-11　不同领域智能报表生成逻辑图

基于"坦途"区域云平台提供的统一报表应用实现了报表一键生成、发布、查询、展示、钻取、导出功能，满足油田各级用户对报表应用需求，取消了纸质报表，提高了工作质量和效率。

2. 报表组件的增强功能

报表智能生成组件除提供作业区、开发部和油田公司三级生产日报的一键智能生成外，还提供了三种增强功能。

1）质控检查报表

报表组件提供按天、旬、月、季度入湖数据自动生成不同维度的监控报表功能，让用户可监控当天报表数据入湖和审核情况，快速了解数据的上报和质量检查情况。当天数据入湖情况如果比前一天有所差异，报表组件可快速分析出差异明细，质控人员和报表人员面对报表就可知后台数据情况。质控报表还可作为不同级别单位的报表质量考核依据，保障了数据质量的完整性和可靠性。图3-2-12为质控报表自动生成示例。

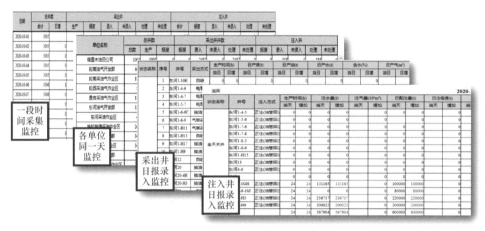

● 图3-2-12　质控报表自动生成

2）报表查询构造器

报表智能应用在用户前端还提供了报表查询构造器的功能，实现了油气勘探、油气生产、油气运销、科学研究、生产保障、经营管理、安保维稳、综合办公8类数据的自定义装配和推送功能，不同层级用户可以通过自己门户来灵活配置报表。通过"坦途"工作门户前端界面就可定义自己需要查阅的报表，满足不同用户按需灵活定制报表的需求。图3-2-13为报表自定义智能构造器应用界面。

3）KPI指标综合应用

"坦途"区域云平台门户除了自定义报表还提供了图形曲线KPI指标综合应用。通过内置的勘探生产基础图形报表模板，数据湖中的报表数据服务智能生成多指标对比报表，依据生产动态情况提供最大值、最小值和平均值的KPI实时曲线报表，并能实时查看关键指标的数据变化情况，实现不同时期各项指标的快速对比分析。图3-2-14所示为报表KPI综合展示界面。

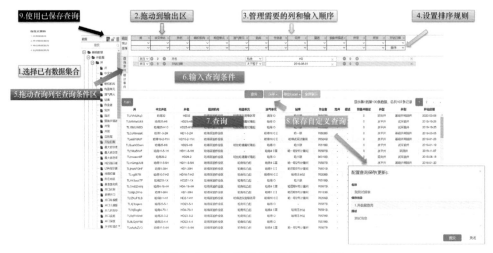

● 图 3-2-13　报表自定义智能构造器

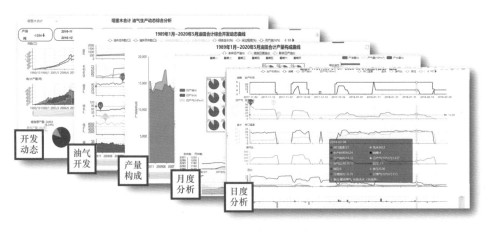

● 图 3-2-14　报表 KPI 综合展示

第三节　三共四协研究新模式

勘探开发、工程技术贯穿于石油天然气上游业务的全生命周期，科学研究工作对其支撑作用不言而喻。为了加快科研效率、提高科研水平，油田已经开展了面向勘探开发的协同研究环境建设，并取得了一定的效果，但仍存在许多问题，一是分散建库、标准不统一、数据共享困难；二是缺乏统一开发管理平台，信息孤岛难以解决；三是成果数据继承共享困难，多学科协同难以实现；四是专业软件分散部署，软硬件资产利用率低等。

为解决研究中存在的上述问题，"坦途"创建了"三共享、四协同"的工作新模式。"三共享"主要包括通过软硬件集中部署实现数据中心计算及存储等基础资源共享；基于区域数据湖，实现 11 类主数据、40 类业务数据等数据共享；通过专业软件云实现油田各专业软件成果互通、许可共享。"四协同"是指针对同一地质目标，实现勘探与开发、地质与工程等不同研究领域协同，后方油田勘探开发研究院与前方油气开发部地质所不同研究场所协同，以及油田甲方研究单位与乙方协作单位之间进行全方位研究协同。

塔里木油田 3 院、9 个油气开发部、38 个业务科室共计已超过 600 研究人员加入"坦途"区域云平台开展协同研究，创建了勘探与开发、地质与工程、前方与后方、甲方与乙方一体化协同研究办公新模式。"三共享、四协同"研究新模式让专业人员更好和更深入地交换认识和思想，减少研究偏差的发生，少走弯路。图 3-3-1 为"三共四协"科学研究新模式示意图。

协同研究功能操作
演示视频

一　从初体验到完美实现

基于"坦途"云平台，塔里木油田分阶段开展了以圈闭为龙头的协同研究新模式，首先实现了圈闭研究从线下到线上的初体验，其次将圈闭质控融入线上环境，最后形成了线上的全生命周期圈闭管理，创建了流程式研究、表单式质控、模块化管理的工作新模式，大幅提升了圈闭的研究、质控和组织管理效率。

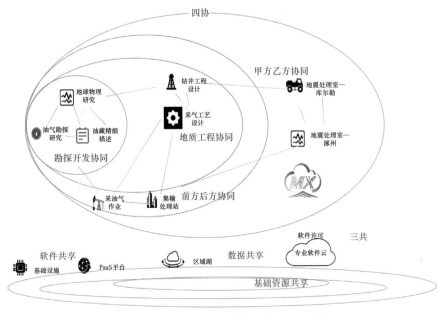

● 图 3-3-1 "三共四协"科学研究新模式

1. 初体验，线上圈闭研究

圈闭研究的工作流程包含基础资料搜集和分析、层位标定、引层、构造建模、资料解释、速度建场、校正构造图、工业制图标准、圈闭评价等，涉及地震资料采集、地震处理、地震解释、构造成图、储层预测等多个研究领域，需要地球物理所、勘探所、开发所、天然气所、信息规划所多部门的分工协作。

以往圈闭研究各专业以"单兵作战"为主，线下交流有限，数据提取繁琐复杂，软硬件资源也得不到及时共享。为解决这一难题，塔里木油田提出"最小业务单元"的工作理念，即针对研究业务进行最小业务节点拆分，从多个维度分析业务成果资料，拆分每个业务节点所需研究数据。同时，给每一项数据添加详细、一致的业务标签信息，建立业务工作节点与数据之间的映射关系。通过对各学科研究工作进行标准化的业务单元拆分，建立起标准的业务数据坐标体系。之后，各研究学科将在坐标体系的基础上建立相应的业务模型。当开展某项研究工作时，将根据业务场景，通过业务模型，从数据湖中提取相应研究数据，供专业研究及软件使用，建立起专业软件与所需数据之间的关联，从数据层面实现了业务的集成与协同。最终，产生成果数据的将通过协同平台，实现各专业的共享流转，打通不同专业之间协同研究的通道。

遵循"最小单元化"理念，将圈闭研究细化为 5 个一级节点（圈闭基本情况、层位标定与解释方案、地震解释成果、构造与圈闭描述、圈闭评价）、14 个二级节点、97 个三级节点的研究工作，做到了专业更细分、研究更深入、协同更有序。"最小单元化"条件下的圈闭研究一级和二级节点见表 3-3-1。

表 3-3-1 "最小单元化"条件下的圈闭研究一级和二级节点

一级节点（5）					
1	圈闭基本情况	3	地震解释成果	5	圈闭评价
2	层位标定与解释方案	4	构造编图与圈闭描述		
二级节点（14）					
1	圈闭概述	6	层位标定	11	断层分级与评价
2	圈闭研究依据	7	断裂、层位全层系解释（二维、三维）	12	圈闭可靠性评价
3	圈闭研究历程	8	切片、相干分析	13	含油气性评价（预探圈闭）
4	圈闭边界范围确定与圈闭命名	9	目的层地震相解释	14	资源量计算与圈闭综合评价
5	使用地震资料情况	10	构造图编制		

开展圈闭研究工作时，根据研究业务场景，系统自动判别业务工作流程及各个业务节点下开展研究所需的资料，通过"坦途"区域数据湖，一键式快速获取研究资料，快速开展研究工作。避免以往从多个数据专业库中提取数据工作模式，大幅节约数据查找时间，提高研究效率。图 3-3-2 为从区域数据湖一键式数据提取的功能界面。

最后，通过互通互联的统一研究工作平台，基于云化的专业软件，各个业务节点下的数据可一键式推送至专业软件，线上开展研究工作，产出的研究成果也可快速归档至云平台。通过平台的共享功能，不仅可以实现各业务节点下数据在同一研究领域的共享与复用，也可被其他研究领域继承，减少重复工作，提高研究效率。图 3-3-3 为专业研究软件共享应用界面。

● 图 3-3-2　区域数据湖一键式数据提取

● 图 3-3-3　数据分析软件共享

2. 再集成，线上圈闭质控及报告一键生成

圈闭研究环境有效减少了数据准备时间，提高了研究效率，但未提供有效质控手段，研究成果质量无法保障。同时，缺乏直接由线上研究成果和认识生成报告的手段，报告编制工作依旧繁琐。鉴于以上不足，协同研究环境中将圈闭质控和报告一键生成功能有效集成。

在质控环节，重点设计并实现了圈闭三级审核。一级审核由科室长、一级工程师、副所长负责圈闭研究过程中的技术把关；二级审核由会战组长负责圈闭研究成果的录入与质量把关；三级审核由相关行政领导和技术专家进行圈闭审查、圈闭级别评价。质控的过程实现了线下到线上的转变，做到了第一时间发现问题，第一时间处理问题，提升了研究质量和效率。图3-3-4是圈闭质控及反馈功能模块。

● 图3-3-4 圈闭质控及反馈功能模块

同时，报告的编写工作与研究、质控同步进行，报告中章节内容与最小研究节点一一呼应，通过强大的数据湖技术，研究过程中的数据与成果图件将自动填充至报告，一键式生成报告，提高编写效率。此外，已完成的各个章节的内容，不仅可以同类型报告的复用，也可以延用到其他类型报告中，实现研究数据的流转与共享。图3-3-5是报告编写一键生成功能界面。

● 图3-3-5 报告编写功能模块

3. 完美实现，线上圈闭全生命周期管理

圈闭线上协同研究、质控和报告一键式生成极大地提高了圈闭研究和管理效率，给研究人员带来了便利。为了更好跟踪圈闭动态，进行全局把控，建立了圈闭管理应用功能。通过圈闭管理功能，可对圈闭整体分布情况进行总览，查看油气主要聚集区块。通过图表的展示，可查看历年的圈闭钻探成功率变化、圈闭储备情况，了解圈闭动态。针对重点关注圈闭，不仅可查看当前圈闭基础信息及相关资料，还可以查看圈闭区域内井的重点信息，对圈闭进行更深入地了解。图 3-3-6 为圈闭管理功能界面。

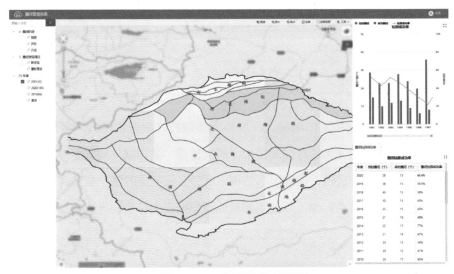

● 图 3-3-6 圈闭管理功能模块

协同研究

经过上述三个阶段，基本形成了根据流程要求及不同角色业务需要进行线上圈闭协同研究的新模式，实现了研究、质控与管理同步，确保了研究成果公开透明、审核意见及时反馈、审核过程快速高效、研究成果实时共享。比对于传统研究模式，新模式使得数据准备时间减少 50%，研究、质控和管理效率各提升 20%、30% 和 30%。

二 新研究模式在多领域全面推广

塔里木勘探开发研究依托创新性的圈闭研究有效地指导井位部署，实现了勘探开发研究院地质设计与工程院钻井设计跨部门在线协同，将钻井工程的灵魂要素融入井震结合的地质设计中，提高了各类设计的质量和及时性，实现了地质协助工程、工程提高地质认识的良性互动。

除地质和工程一体化协同研究外，前后方精细油藏描述一体化协同研究工作模式也实现了勘探开发研究院和油气开发部的高效协同，实现了前后方数据成果共享、建立了校验反馈机制、开创了多方协同互动的新局面。

基于"坦途"区域云平台的一体化协同研究环境建立了线上有序的研究、质控和管理流程，让研究工作去繁从简，让研究成果得到了继承和延续，大幅提高了数据共享时效性和科研效率，"三共四协"研究新模式在各研究领域都具有广泛的推广价值。图 3-3-7 为协同研究总体应用架构。

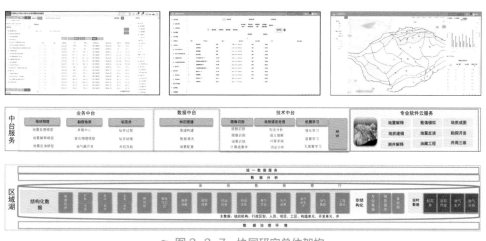

● 图 3-3-7　协同研究总体架构

1. 地质工程井位设计一体化协同研究

塔里木油田之前的地质工程井位设计分属于两个独立的部门，即勘探开发研究院和油气工程研究院。两个部门之间通过线下开展工作，难以形成及时高效的沟通交流，尤其针对进行中的工程作业，缺乏深入有效的沟通交流，造成实际工程作业会存在"一条腿"走路的现象，不能有效地降低工程作业风险。

针对上述问题，地质工程井位设计一体化协同研究将线下的钻井地质设计和钻井工程设计工作，通过线上研究环境的定制，实现单井地质和工程设计基础数据和成果统一管理，设计报告辅助编制和在线审核，设计井周三维地质成果数据统一展示。在业务管理模式方面，改变原来相对独立的工作单元，成立钻井设计联合项目组，让地质专家和工程专家实现线上的无缝交流，充分将工程元素融入地质设计，让设计更全面更具实践性。同时，地质工程井位设计一体化协同研究使得来自两院的井位地质工程数据集设计成果数据实现统一管理，支持数据引用，支持按模块、任务或流程节点提供参考数据，以辅助线上审核和批注，全程跟踪进度和设计质量。

地质工程井位设计一体化协同研究具体包括建设重点业务的协同研究场景、钻井地质设计和钻井工程设计要素细分、钻井设计业务库的数据建模、设计所需数据服务（数据查询、更新、归档）开发、钻井地质设计和钻井工程设计的辅助生成和编制，为设计提供了通用的图形化工具并可作为通用图形组件分享给其他项目和应用。图 3-3-8 为钻井地质和工程设计协同研究任务单元划分。

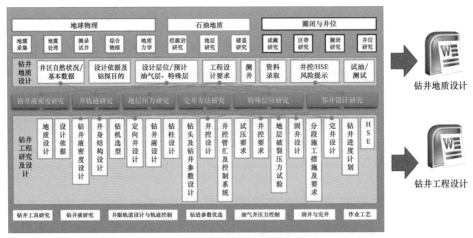

● 图 3-3-8　钻井地质和工程设计协同研究任务单元

业务场景定制是地质和工程设计交互的核心。根据油田的部门设置，地质和工程部门分属两个不同的领域，但工作内容有所交集，钻井成功率需要地质和工程两方的努力。结合塔里木油田实际钻井和地质作业特点，根据上述协同研究架构，定制了地质和工程井位设计中的 6 种不同场景的协同研究工作：井轨迹研究、地层压力研究、钻井液密度研究、完井方法研究、特殊层位研究、邻井设计研究，为达成地质工程井位设计一体化协同研究目的提供了有力支撑。

地质工程设计一体化

2. 精细油藏描述一体化协同研究

精细油藏描述是优化油田开发管理工作的一项重要内容。在塔里木油田之前的主要工作模式是勘探开发研究院独立开展精细油藏描述线下研究，油气开发部基于研究院精细油藏描述研究成果完成综合治理方案和小区块地质研究等工作。

信息不对称是之前阻碍精细油藏描述高效发展的主要桎梏。油气开发部掌握的动态数据成果（如测试结果、措施效果、生产动态等），与勘探开发研究院利用的静态资源资料（如软件资源、成果图表、模型体等），存在时空差异，无法充分共享与高效结合。为统一地质认识，往往采取线下沟通或会议等形式，研究工作难以及时有效指导油气开发生产。

塔里木油田为解决上述业务痛点，从油田精细油藏描述研究与生产动态数据成果共享管理的实际出发，根据油气藏业务特征及研究流程，优化数据流与业务流，以在线研究、成果管理及成果共享为主线，进行了成果图、表、地质模型、数值模拟模型等的标准化管理和在线可视化管理，建立了前后方共享、协同流程，构建了前后方精细油藏描述一体化协同研究模式。图 3-3-9 为钻井地质和工程设计协同研究任务单元划分。

利用前后方精细油藏描述一体化协同研究这一创造性的信息化新型工作模式，实现了勘探开发研究院和油气开发部的精描研究成果方案与数据的充分共享，实现了生产动态数据实时更新与成果校验反馈机制，通过交互式多媒体平台实现了研究单位和生产单位对研究成果的同步分析，有效互动。

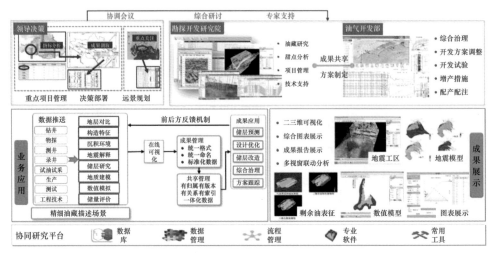

● 图 3-3-9　前后方精细油藏描述一体化协同研究工作模式

（1）数据成果共享，实现了资料清单数据成果共享（图3-3-10）。勘探开发研究院形成的精描研究数据与成果方案和油气开发部负责的生产动态数据，以资料清单的形式即时互通互动，图、表、报告、数据体、模型等都能以在线形式展示和更新，构建数据成果共享环境，实现前后方研究人员生产人员在同一套数据基础之上开展研究和执行生产任务。

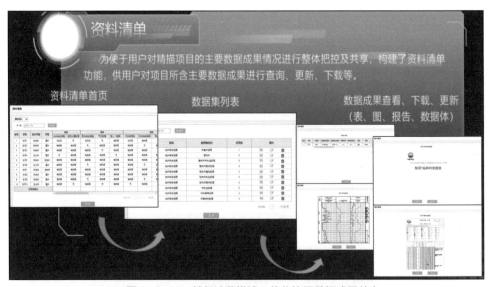

● 图 3-3-10　精细油藏描述一体化协同数据成果共享

（2）前后方协同，确立了前后方校验反馈机制（图 3-3-11）。勘探开发研究院后方研究人员进行精细油藏描述研究工作后的成果，通过协同研究环境实现成果项目内共享，利用校验选取，选择需要进行前方校验的研究成果进行校验；前方业务人员基于现场的开发、工程、地面等资料对研究成果进行校验并上传关联前方最新生产动态资料，后方研究人员能够第一时间得到校验信息及现场生产数据成果，根据校验信息对研究成果进行论证并按需进行二次研究，同时给出前方校验的后方反馈信息，真正实现前后方一体化协同。

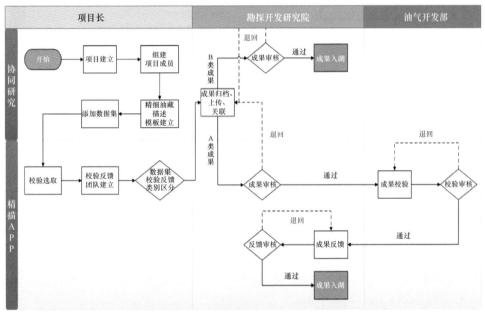

● 图 3-3-11　精细油藏描述一体化协同校验反馈流程

（3）多方协同，构建了多媒体交互协同环境（图 3-3-12）。基于精细油藏描述协同研究平台，强化协同研究环境的集成设计，完成了与视频会议、即时通信等功能的综合集成，达成了领导与研究单位对研究成果的同步互动分析决策，实现了在线可视化汇报及研讨会议，满足了多方、多领域、不同地域协同办公、会议模式，从而实现远景规划及决策部署要求。

前后方精描

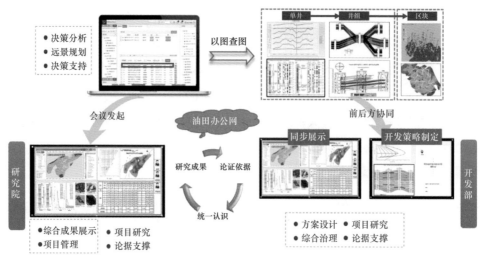

图 3-3-12 多媒体多方交互示意图

第四节 油气生产标准化管控

塔里木油田油气生产点多线长面广，30 多个油气生产单元、3000 多口油气水井、6000 多千米的油气集输管线，分布在塔里木盆地 15.6 万平方千米区域范围。地下油气埋藏深、高温、高压、含硫、含蜡，油气生产工艺复杂、安全风险高。油区自然环境恶劣，沙尘暴活动频繁。夏季炎热天气，一天工作完成之后，衣服鞋帽几乎都能滴出水来。冬季严寒天气，即使穿着大棉衣，戴着棉帽子、棉手套，在井场依然冻得打哆嗦。风沙来临时，采油作业员工顶着风沙巡井，道路能见度低、巡井车时速低、视线差、巡井效率低，巡井完成后巡检人员衣服和头发满是灰尘，化身"小土人"。巡井人员一年四季的工作有冷、有热、灰头土脸，可谓是"五味陈杂"。图 3-4-1 为哈得作业区采油工人在沙尘暴天气中巡井。

即便是这样，塔里木石油人践行"只有荒凉的沙漠、没有荒凉的人生"的豪迈誓言，坚守在这样的油气生产现场，默默奉献着青春与热血。他们渴望有一双"千里眼"、有一对"顺风耳"，无论酷暑严寒还是沙暴天气，坐在舒适的办公室就能远程看到、听到、感觉到百里之外的现场实时生产状况和作业动态。

● 图 3-4-1 采油工人在沙尘暴天气中巡井检查

一 油气井站无人值守、远程监控

　　为了减轻一线生产员工暴露于酷暑严寒、山风沙暴巡井之苦，为了减少员工在高温、高压、有毒有害环境下的现场操作时间，为了降低安全生产风险、减少设备损坏、保障安全生产，为了有效地避免因油气泄漏造成的环境污染，为了及时发现生产异常停工、停产、电力消耗，为了快速摸清油气井生产规律，优化油田开发方案和生产措施，为了减少管理层级，实现精细化管理，塔里木油田在所有油气生产现场推广油气生产物联网，为一线生产员工安上了"千里眼""顺风耳"。

　　2013 年 8 月以来，塔里木油田按照中国石油油气生产物联网系统技术架构，在 30 多个油气生产单元的 2000 多口生产井、数十座大中小型站场，6000 多千米油气运销管道的重点阀室开展油气生产物联网建设，实现了生产数据自动采集、生产过程自动监控、生产环境自动监测，有效推动了企业生产发展方式的转变，使油气生产方式由传统的经验管理、人工巡检、大海捞针的被动方式，转变为智能预警、电子巡井、精确定位的主动方式。将传统的粗放生产管理方式转变为自动的实时生产管理方式，将前方分散多级的管控方式转变为后方生产控制中心的集中管控，促进了企业从传统生产方式到现代生产方式的转变，员工从驻井看护、油区巡护、资料录入等简单、重复性劳动中解脱出来，改善了油田一线员工生产生活环境。图3-4-2为油气生产物联网系统架构。

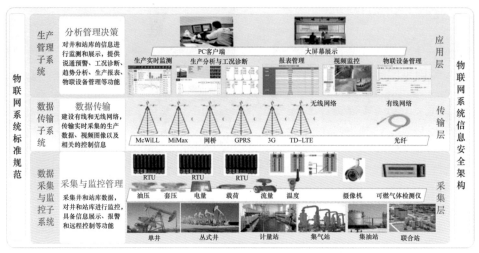

● 图3-4-2 油气生产物联网系统架构图

1. 井间站场无人值守

数据采集与监控子系统实现了生产数据自动采集、生产环境自动监测、生产过程自动控制、物联设备状态实时监控等功能，保障了数据采集实时、准确，远程控制指令安全、精准，实现了单井、中小站场无人值守，大型站场少人监控。

生产数据自动采集。油气水井、计量间、油气处理站库、集输管网、阀室、储运站场的生产运行相关的温度、压力、流量、电流、电压、位移、载荷等生产运行数据，通过智能仪表进行自动采集处理，发送至远程传输单元（RTU），通过有线传输网、无线4G、网桥等传输系统，传回至各生产部门生产管理中心的SCADA系统，实现生产自动采集和远程传输。数据采集与传输流程如图3-4-3所示。

生产过程自动控制。通过安装部署远程控制、连锁自控等设备，实现对生产过程的自动控制和生产现场无人值守，有效降低用工需求和劳动强度，提高工作效率。当有危险事件突发时，能够快速反应，避免事态进一步恶化，减少损失。主要功能包括生产井远程启停、故障诊断、注水自动调节控制、报警连锁控制、自动倒井计量控制、自动投球、收球控制等。

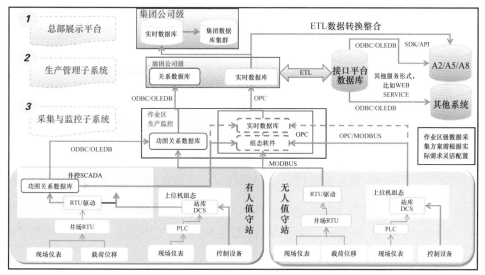

● 图 3-4-3　井间站无人值守数据采集与传输流程

生产环境自动监测。在重点油气井、高危险井、重点站库、关键路口等生产现场，安装部署摄像头、气体检测、自动报警、入侵检测等装置，监测数据通过传输系统实时传输至生产管理中心，便于生产管理人员及时、直观地了解现场生产状况。当生产现场出现人为破坏、恶意入侵、设备异常、可燃气体、有害气体浓度超标等情况时，能够主动报警并提醒管理人员采取措施，保障生产运行安全。

物联设备信息动态监控。实时监控网络中所有物联设备的工作状态、入网标识、空间位置等信息，实现对这些物联设备的远程集中管理，保证物联网系统安全、可靠、高效运行。

2. 生产过程远程监控

根据油气生产管控业务流程，将采集的实时运行数据与油气生产、储运销售等业务数据进行应用集成，实现油气生产全业务链的数字映射、集中监控，便于更加高效便捷地进行生产分析、工况诊断、辅助决策，提高油气生产工作效率和管理水平。图 3-4-4 为油气生产网向办公网的数字映射与远程监控示意图。

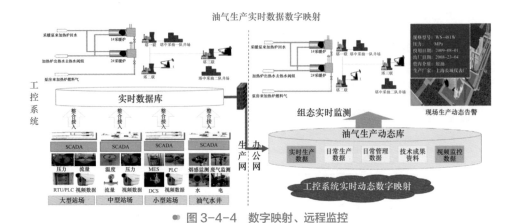

油气生产实时数据数字映射

● 图 3-4-4　数字映射、远程监控

　　油气生产物联网建设大幅提升了油气产运销全业务链的自动化、数字化水平，提高了工作效率，降低了劳动强度，减轻了环保压力，为油田决策分析智能量化、生产运行实时优化、经营管理精细协同以及生产管理方式与组织结构优化奠定了坚实基础。

二　基层站队标准化管理、风险受控

　　油气生产物联网系统实现了油气生产设备设施运行状态和工艺流程的自动监控，但是面对安全生产的新形势、新要求，管理方面瓶颈问题凸显，主要表现在生产组织协同困难、工作过程无法溯源、现场安全管控困难、标准执行不到位、系统数据重复录入等方面。

　　为进一步夯实管理基础、优化管理机制、提升管理效能，塔里木油田以基层站队全面标准化建设工作为契机，按照"建立一套体系、共用一个平台、共享一套数据"的思路，以生产现场属地管理手册和岗位操作手册"两册"为标准，建立了油气生产标准化工作信息平台，将油气生产现场属地管理手册和岗位操作手册固化到信息平台，融合油气生产物联网系统，实现了现场工作闭环管理，提升了一线操作人员数据采集的工作质量和效率，提高了一线操作人员的现场操作能力、风险识别能力、应急处置能力、现场管理能力，增强了前后方信息交互、远程技术支持和作

业指挥能力，基层站队员工日常工作迈上标准化管理新阶段。图3-4-5为基层站
队标准化管理总体架构图。

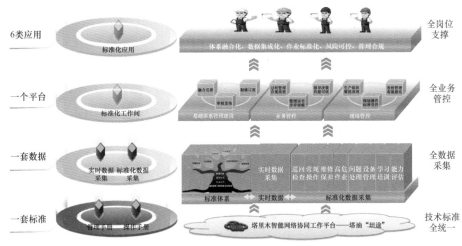

● 图 3-4-5 标准化管理总体架构图

1. 生产组织实现任务驱动

基于"岗位定制、任务驱动"的工作模式，面向生产调度、专业技术岗和作业
区领导，将生产计划、生产指令、问题处置等任务来源纳入统一管理，并按照标准
的业务管理流程，实现了工作任务自动触发、调度分配、分解指派、审核监督，从
而支撑了油气生产作业区基础工作标准化管理。图3-4-6为任务组织调度看板。

● 图 3-4-6 任务组织调度看板

任务调度组织统一管理任务来源，利用任务看板可视化跟踪执行情况，实现了"工作有计划、行动有方案、步步有确认、事后有总结"的全过程闭环管理。按照不同的管理流程进行任务规范化调度和高效率组织，达到了"人人有事做、事事有依据、安全风险受控"的目的。图3-4-7为任务执行情况实时跟踪。

视频监控

设备动态

巡检轨迹

异常报警

应急资源

高危作业

● 图3-4-7　任务执行情况展示图

2. 数据采集融入业务工作

现场标准化工作信息平台实时接入物联网自动采集数据，实现了自动采集和人工采集数据的融合。基于"两册"，以基础数据、实时数据、任务组织、现场作业、油气生产、设备物资、QHSE、综合管理等8类业务需求为主导，将油气生产现场一手数据采集融入日常的各类业务工作管理过程，实现油气生产现场业务数据采集全覆盖。现场操作人员通过移动终端可以做到一边作业一边记录，完成现场作业的同时也完成了工作记录和数据采集，然后通过移动网络或者计算机接口将数据传送回服务器，避免了重复录入现场作业数据，保证了数据的实时性、准确性，有效降低现场操作人员的工作强度。图3-4-8为标准化数据采集流程。

3. 风险隐患可视化管控

风险隐患管控是基层生产作业过程中不可缺少的最重要环节，识别风险隐患、有效管控风险是安全生产的基础。基层员工可根据例行巡检或作业随时进行隐患排查，发现问题进行问题上报、隐患确认、整改、复查的可视化管理。同时可通过

GIS 地图直观展示属地关键信息，对现场风险与隐患情况动态可视化管理与监控。红黄蓝四色图可一目了然地知道高低风险区域的隐患和问题，实现了在不同区域的风险级别和危害分析。达到了基层减负、效率提升的效果。图 3-4-9 为风险隐患管理流程和功能界面。

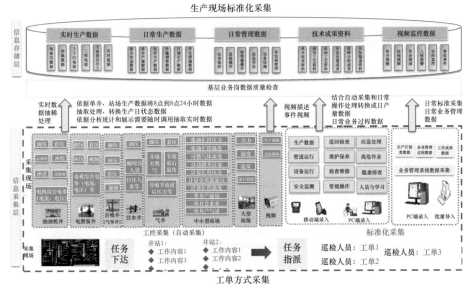

● 图 3-4-8　标准化数据采集流程

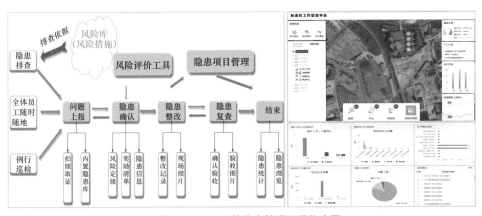

● 图 3-4-9　风险隐患管理可视化应用

基于 QHSE 管理体系，管理者可随时随地把控现场作业，步步确认风险受控情况，实现问题处理全过程闭环管理（图 3-4-10）。现场管控进行操作位置自动匹配、语音提示，依据 QHSE 体系文件进行风险应急及时提醒。现场工程师对发现的问题进行分析处理，并对风险进行量化考核。现场作业人员对问题工单进行规范化、自动化管理，现场问题填报后对问题闭环跟踪与追溯，实现对风险隐患的全业务链、全过程管理。

4. 自动化与信息化深度融合

基层站队全面标准化建设推动了自动化和标准化深度融合，实现了生产现场的全过程数据采集，促进了油气生产业务管理模式由传统的"定岗值守、定时巡检"向"远程监控、无人值守、电子巡检"的转变，现场生产全过程做到"步步提示、步步确认、步步受控"，全面提高油气生产现场安全生产管控能力。

● 图 3-4-10　风险隐患全过程闭环管理

物联网系统实现了实时数据的自动采集，通过网闸把实时数据传送到办公网环境。标准化工作信息平台利用智能终端进行生产数据、能耗数据、管理数据、设备信息、HSE 数据、维稳安保等基层日常工作数据的采集。两类数据的集成应用、数字映射、深度融合，为现场生产动态分析管理和问题快速定位提供强有力的辅助支撑。图 3-4-11 为物联网系统与标准化工作平台数据融合应用架构。

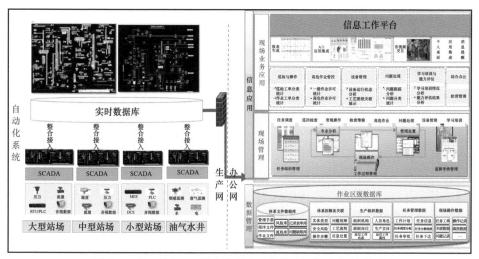

● 图 3-4-11 物联网系统与标准化工作平台数据融合应用架构图

三 油气生产现场"三位一体"管控

在油气生产、油气运销、水电供应等领域全面推广物联网系统建设，生产单元所有油气水井、大中小型站场（厂）、集输管线、管道阀室、变电所等现场实现了生产过程、安全环保、安保防恐数字化全覆盖，实现运行参数自动采集与告警、生产过程远程控制、安全环保自动监测、安保防恐企警联动。

按照"建立一套体系、共用一个平台、共享一套数据"的模式，在油气生产、油气运销、水电供应等领域建成现场标准化工作信息平台，实现了生产组织与管理标准化、人工巡检和操作标准化、施工作业全过程管控标准化、设备设施管理标准化、问题故障处理标准化、学习培训评估标准化、安保防恐标准化。

分领域整合物联网 SCADA 系统，集成标准化工作信息平台数据和功能，在油气生产领域建立油气生产管控中心、在油气运销领域建立油气调控中心、在电力供应领域建立电力调度中心，建立健全各领域生产过程监控、作业风险管控、安保维稳防控的统一监视与控制、统一调度与指挥的生产运行机制，建构了"三位一体"生产运行模式，为组织机构扁

标准化采集与报表
电子化

平化、管理模式优化、减员增效提供了技术支撑。图 3-4-12 为"三位一体"生产运行模式。图 3-4-13 为"三位一体"管控中心的功能架构。

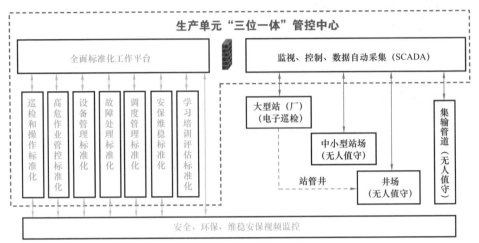

● 图 3-4-12 "三位一体"生产运行模式

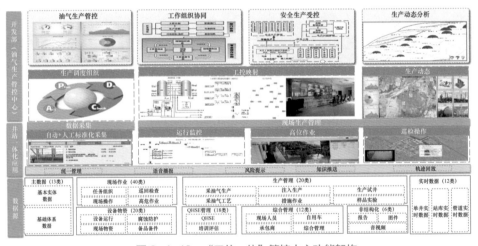

● 图 3-4-13 "三位一体"管控中心功能架构

第五节 钻完井远程管控支持

塔里木油田钻完井作业井场遍及塔里木盆地的沙漠、戈壁和山地，远离城市、干线公路，距离库尔勒基地最近的井场也有 200 多千米，最远 1000 多千米。钻完井业务范围覆盖钻井、录井、测井及试油四大专业,包括钻井、录井、定向井、测井、固井、试油、压裂酸化、地面测试等作业。风险探井、超深井、高温高压高含硫井多,井筒地质条件复杂,不可预见性强,作业风险高,单井施工周期长,安全管控难度大,作业成本高。在储层钻进、欠平衡施工、事故复杂处理等作业时,需要一名及多名技术专家跑井现场指导,因专家资源急缺,基地和作业井距离远,跑井路途时间长,复杂事故处置难度增加、跑井成本高。虽然开展了多年的钻完井信息化建设,上述问题得到了一些缓解,但井场仍然存在数据采集系统多、专业数据库多、传输网络速度慢、数据共享难、协同工作难等现象,前后方之间、各专业间在钻完井现场事故处理、生产安全管控没有形成合力。

"坦途"区域云平台让塔里木油田实现了钻完井远程管控支持。钻井监督、地质监督和工程技术专家在基地管控中心就能同时远程实时监控所有正在钻井的作业状况,及时纠正违章作业,跟踪分析判断异常并指挥现场正确处置,减少了复杂事故,保障了安全快速钻井,做到了运筹帷幄之中、决胜千里之外。图 3-5-1 为钻完井远程管控支持流程。

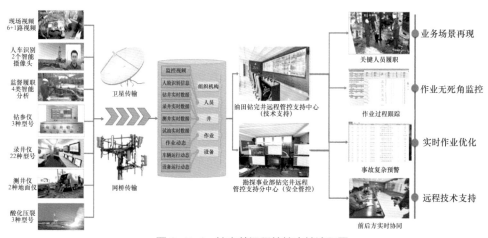

● 图 3-5-1　钻完井远程管控支持流程图

一　数据实时共享

　　按照钻完井现场数据标准化采集规范，在井场部署了集数据采集、存储、传输为一体的"黑匣子"采集服务器，实现了钻井、录井、测井、试油等实时数据、动态数据和视频数据的标准化采集、集中存储和统一管控。建设井场内部无线局域网实现各专业数据共享，减少数据重复录入。通过卫星或网桥实现井场外联，手工数据、实时数据和视频数据能够连续、稳定传输到基地钻完井管控中心工程技术动态库。钻完井一体化采集数据类型如图 3-5-2 所示。

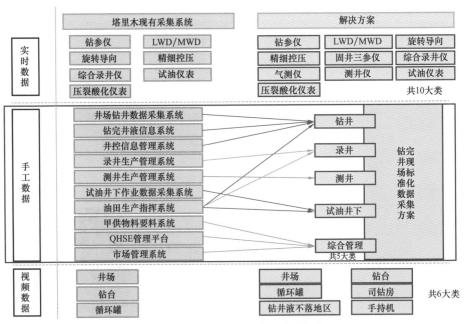

● 图 3-5-2　钻完井标准化采集数据类型

　　手工数据采集方面，钻完井现场钻井监督、地质监督、钻井工程师、钻井液工程师、地质师等岗位分别在同一平台上维护各自专业的作业数据，同一数据项只能由所属专业的作业工程师维护，满足了数据的唯一性、标准性、准确性、及时性和完整性要求，减少了数据重复录入，作业工程师维护数据工作量大大降低。当数据质量存在问题时，由于数据来源唯一，还能快速查明原因、追究责任，进一步促进了数据质量的提升。

实时数据采集方面，实现钻参仪、综合录井仪、LWD/MWD、旋转导向、精细控压、试油仪、压裂酸化仪等共 11 类 95 种仪器 330 项实时数据采集、实时监测。

视频数据采集方面，实现了井场、井口、钻台、司钻房、循环罐区等六路重点固定场所的视频数据采集和井场移动视频数据采集，扩大了视频监控范围。

钻完井现场的施工数据、报表数据、资料数据经现场监督和业务主管部门两级审核进入工程技术动态库，后方协同作业数据、分析优化成果数据、生产管理数据经过审核后进入工程技术动态库。工程技术动态库基于统一数据服务将符合"五性"要求的"金数据"推送到"坦途"区域数据湖，供其他专业应用共享钻完井业务数据。

钻完井的地质工程协同、随钻地质跟踪、地质模型优化等需要共享其他专业数据时，从"坦途"区域数据湖获取区块地质构造、测井解释等数据，实现了专业数据的高效共享。钻完井数据采集与共享流程如图 3-5-3 所示。

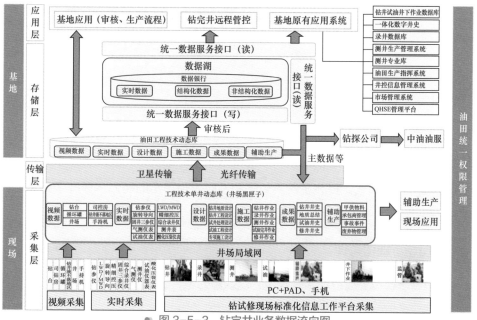

● 图 3-5-3 钻完井业务数据流向图

二 人员履职管控

通过人员签到、视频识别，安全管理人员在后方能够实时监督现场关键人员是否在岗、是否履职等情况，包括关键工序甲乙方关键人员在岗情况、施工检查与验收记录、乙方关键人员持证情况、乙方关键岗位变更情况等内容。这样减少了人员违章，提升了钻完井现场安全管控水平，实现了现场作业过程和人员履职无死角的安全管控（图3-5-4、图3-5-5）。

● 图3-5-4　人员签到　　　　　　● 图3-5-5　关键人员履职情况

三 作业安全监控

钻完井现场实时监测报警功能实现了在线实时监测、自动巡检，能够及时发现工程异常情况，改变了依靠监测工程师监测实时数据、视频数据以及借助专家经验发现问题的模式，提高了监测效率和及时发现异常的能力，提升了异常处置效率。

1. 现场可视化再现

通过数字模拟、虚拟现实等技术，以数据列表、曲线、视频、动态模拟等综合方式实现了钻进、定向、起下钻、固井、测井、试油、压裂等井筒作业全过程的场景再现，曲线监测如图 3-5-6 所示，视频监视如图 3-5-7 所示，为后方各级管理人员、专家实时掌握钻完井作业动态、及时发现和处理异常奠定了基础。

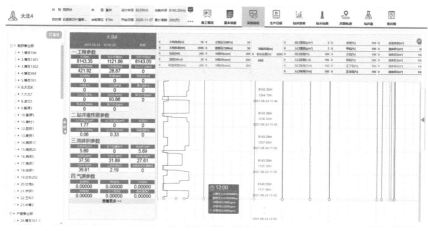

● 图 3-5-6　曲线监测

● 图 3-5-7　视频监视

2. 异常报警及处理

在钻完井远程管控支持中心，基于大数据、人工智能的工程异常报警系统能够学习专家看数据、分析曲线，自动对作业井进行 7×24 小时巡检，自动预判井漏、溢流、阻卡等工程异常情况，自动以声光、短信、图片等方式向监测工程师发出告警信息（图 3-5-8）。

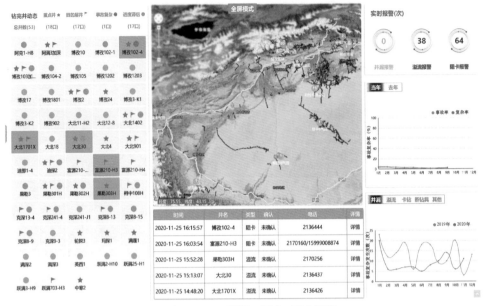

● 图 3-5-8 井漏、溢流、阻卡报警

在钻完井远程管控支持中心，监测工程师通过视频会议、电话和无线对讲等方式和现场作业工程师沟通确认异常情况，分析异常发生原因，前后方一体化协同制定方案并精准处置异常情况（图 3-5-9）。

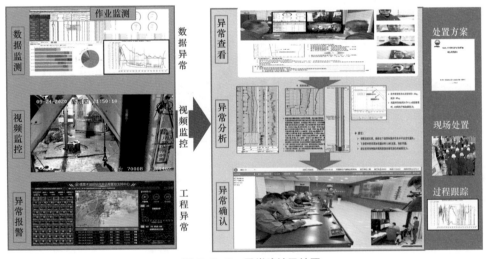

● 图 3-5-9 异常确认及处置

四　作业优化分析

在钻完井远程管控支持中心，通过作业优化分析专业软件，地质力学、导向、钻井液等技术专家能够实时跟踪作业过程，计算并分析地层压力、井眼轨迹、钻具受力等数据，评估下步施工风险，制定相应风险消减措施，优化井眼轨迹方案。

1. 随钻跟踪分析

结合塔里木油田钻完井业务特点，管控中心专家按照钻井工程随钻跟踪分析流程，能够进行实钻轨迹分析、井眼防碰、摩阻扭矩及水力学分析等。图 3-5-10 为井眼防碰分析。

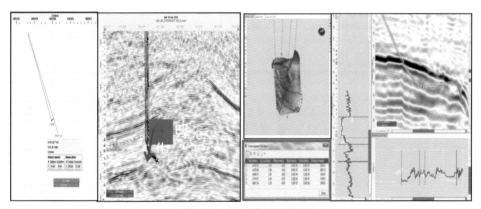

● 图 3-5-10　井眼防碰分析

2. 地层压力预测

在实钻过程中，通过分析测井数据和实时随钻数据监测应用功能，地质力学专家能够动态更新地层压力模型，预测下步钻进时地层压力情况（图 3-5-11、图 3-5-12）。

3. 地质导向跟踪

区域数据湖对接 OpenWorks、DSG 等专业软件，管控中心地质导向工程师

能够开展井眼轨迹跟踪分析（图 3-5-13）、地层岩性对比（图 3-5-14）、实钻与
设计井轨迹对比（图 3-5-15）、井震对比（图 3-5-16），预测并优化井眼轨迹，
提升储层钻遇率。

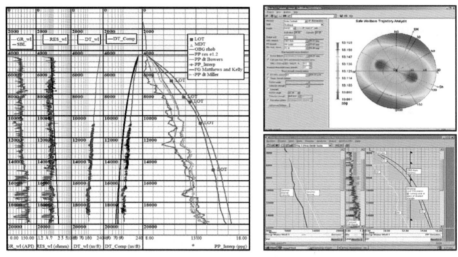

● 图 3-5-11　地层压力分析

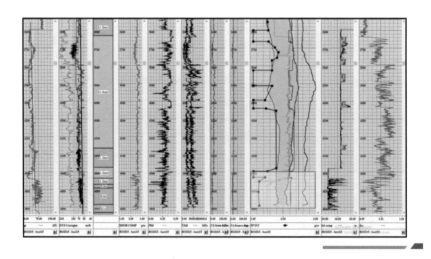

图 3-5-12　地层压力预测

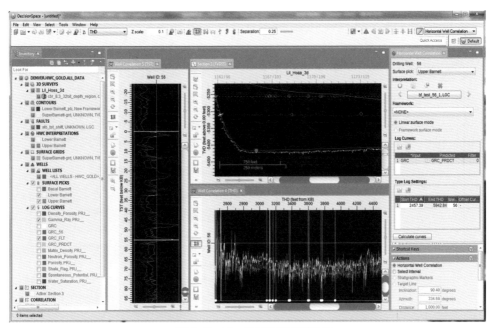

● 图 3-5-13　井眼轨迹跟踪分析

◆地层对比：2019/12/17，通过水平井的岩屑与导眼井的岩心颜色及岩性对比，ZHQ10已钻至巴什基奇克组，钻时2.00～287.50秒/米，平均值53.88秒/米，气测ΣC值0.00002%～0.1482%，C1值0.00002%～0.11738%。

◆井场工况：正常钻进。

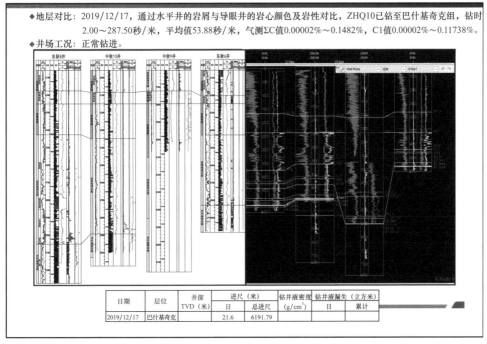

日期	层位	井深 TVD（米）	进尺（米）		钻井液密度（g/cm³）	钻井液漏失（立方米）	
			日	总进尺		日	累计
2019/12/17	巴什基奇克		21.6	6191.79			

● 图 3-5-14　地层岩性对比

◆ 已钻至巴什基奇克组，实钻轨迹相对设计轨迹偏上61.84m。

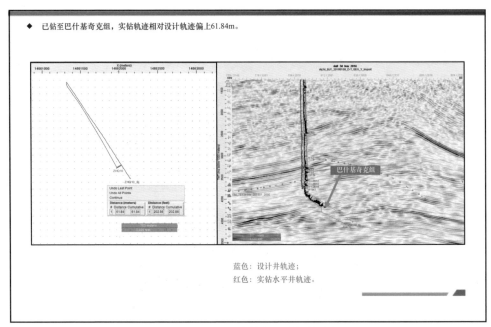

蓝色：设计井轨迹；
红色：实钻水平井轨迹。

● 图 3-5-15 　实钻与设计轨迹对比

◆ DQ8-ZHQ10-ZHQ9连井地震剖面图。

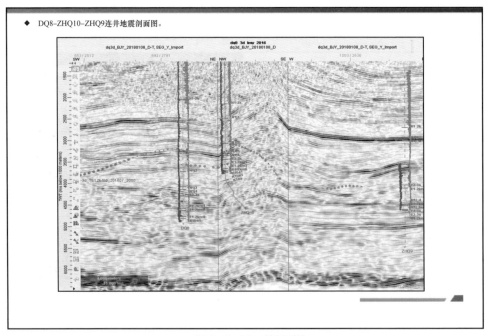

● 图 3-5-16 　井震对比

五　**辅助科学决策**

1. 一图概览钻完井动态

钻完井远程管控支持中心与油田生产指挥中心数据同步推送，油田领导和各级用户能够实时一屏概览钻完井生产概况、安全管控动态数据，掌握年度进尺、开完钻井数等钻完井工作量完成和计划对比情况，查看钻机动用情况，对比今年与去年的机械钻速、钻井周期、作业时效等技术指标数据，查看作业井生产动态数据（图 3-5-17）。

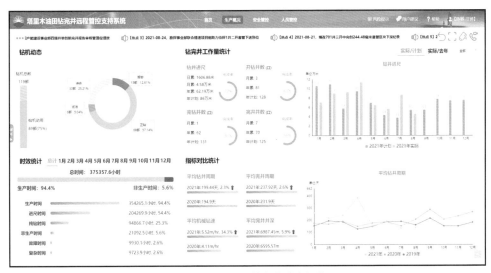

● 图 3-5-17　钻完井动态概览

2. KPI 指标分析

钻完井作业分析工程师能够实时对比分析钻头钻具使用、作业时效（图 3-5-18）、施工进度（图 3-5-19）、钻井液性能等 KPI 指标数据，开展钻完井作业时效、质量、速度和效能评价，总结优快钻井施工经验，为区块正钻井提供作业参考。

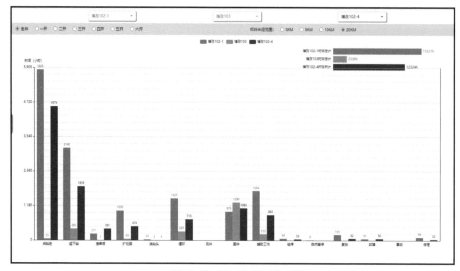

● 图 3-5-18 作业时效对比

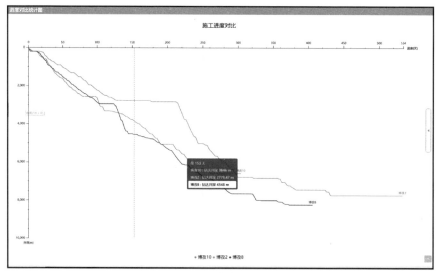

● 图 3-5-19 多井施工进度对比

3. 三级联动远程支持

塔里木油田搭建了两级钻完井远程管控支持中心环境，组建了监测团队和技术支持团队，逐步形成了系统自动监测、异常信息报警、监测人员确认、专家远程支持的流程化运行模式，实现了油田、生产单位、作业现场三级纵向联动，促进了地质、工程等多专业横向协作，专家远程支持由过去的单人单井、多人单井优化为单人多井、多人多井，缓解了专家资源不足、专家跑井支持效率低等难题，提升了钻完井支持效率和质量，实现了钻完井作业过程的提质提速。

钻完井管控中心

图 3-5-20 为专家通过 PC、手机、PAD 等终端设备随时随地查数据、看视频、分析曲线。图 3-5-21 为专家通过视频会议实时在线联合会诊，分析异常原因、制定优化方案，远程指导现场钻完井现场异常处置作业，直至作业恢复正常。

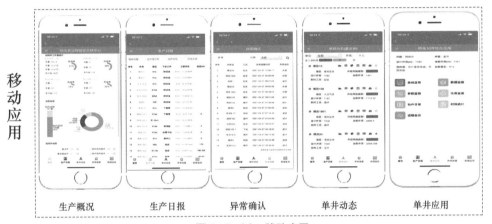

移动应用

| 生产概况 | 生产日报 | 异常确认 | 单井动态 | 单井应用 |

● 图 3-5-20　移动应用

● 图 3-5-21　一键多方视频会商

第四章
智能油田未来展望

展望未来，塔里木油田将建成世界一流现代化大油气田。大是量的指标，现代化是质的要求，数字化转型智能化发展是企业走向现代化的核心内容。"坦途"的诞生和初长成，标志着塔里木油田数字化转型智能化发展迈出了坚实的一步。然而，数字化转型智能化发展是长期复杂系统工程，必然不会一蹴而就，这就意味着"坦途"将面临更大的挑战和更新更高更强要求，"坦途"的功能还需完善和提升。面向未来，塔里木智能油田建设将继续按照既定的"三步走"战略，一张蓝图绘到底，让"坦途"茁壮成长，变得更加强大、更加壮实，实现从"1"到"N"的腾飞，成为塔里木油田增储上产、提质增效、管控风险、造福员工的核心力量，持续赋能塔里木油田数字化转型智能化发展。

第一节 塔油"坦途"建设愿景与目标

"坦途"建设愿景是建立油气田实体全方位的数字孪生。"坦途"数字孪生以油田多专业、多维度、多时空、实时完整、关联统一的全域数据为核心，通过专业理论、专业设备、专业技术、信息技术创新，特别是管理创新，实现现实业务场景与数字仿真场景之间的实时交互。一方面，数字孪生实时支撑现实业务的生产智能化和工作智慧化；另一方面，现实业务实时促进数字孪生的资产模型化和决策科学化（图4-1-1）。

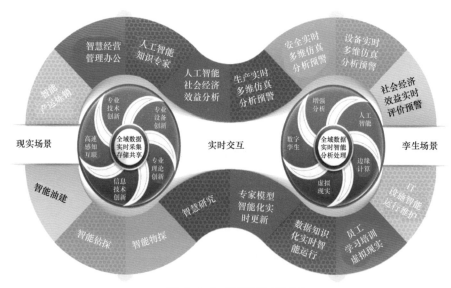

● 图4-1-1 数字孪生愿景图

现实业务场景需要专业理论、专业技术、智能设备等非IT类技术的持续创新，这是数字孪生发挥作用的前提。在此基础上，运用物联网、边缘计算等IT技术，动态或者实时再现业务现场的运行和状态数据。一部分数据利用智能装备进行边缘实时分析处理，实时调校现场作业，大部分数据利用信息高速通道进入孪生场景，经过智能分析处理，实时或者动态反馈现场业务场景，为智能化生产、智慧化工作提供支撑。

未来在塔里木油田要搭建物化探、钻完井、油气生产、油气储运、产能建设、水电保障等现场生产实时多维仿真分析预警、安全分析预警、经济效益动态评价等孪生应用场景，基于动静态数据和算法模型分析预测生产运行情况、科学指导现场生产，为油田增储上产、提质增效、管控风险、造福员工提供信息技术支撑。

二　建设目标

面向未来，塔里木智能油田建设将不断夯实数字化转型基础、加大智能化应用建设力度，到 2025 年基本建成智能化油田，基本实现全面感知、自动操控、智能预测、持续优化油气田管理，支撑油田主要业务流程优化和再造。油田全域、全业务链实现数字化覆盖，生产、科研、管理主要业务实现智能化应用，实现跨部门、跨地域、跨专业协同研究和协同工作，推动业务流程、组织结构、数据和技术的互动创新和持续优化，以数据驱动业务、运营和商业模式重构。在油田生产管控方面，完善生产管控中心，实现"无人值守、自动操控、智能优化"；在油田研究领域，完善协同研究与决策支持环境，实现"多学科协同、前后方联动、大数据决策"；在调度指挥方面，完善油田生产指挥中心，实现"生产动态可视化、生产调度智能化、应急响应实时化、部门联动协同化"；最终全面推动油田流程优化和管理创新，有力支撑油田增储上产、现代化治理和高质量发展。

到 2030 年，全面建成智能化油田。覆盖勘探开发、油气运销、炼油化工、经营管理、安全环保、维稳安保领域和全业务链，形成具有全面感知、自动操控、智能预测、持续优化的智能化生态运营模式，全面支撑油田组织架构和管理模式变革。一是全面实现生态赋能，即建成油田业务、数据、技术智能化生态；二是广泛实现数字孪生，即油田生产运行和研究领域实现数字孪生；三是实现智慧运营，即实现油气田资产一体化智慧运营管理。

第二节　塔油"坦途"智能化应用规划

数字化转型智能化发展离不开智能化应用，智能化技术的广泛应用是智能化油田的关键。同时，智能化的基础是数字化，离开数字化，智能化就是空中楼阁，可以说智能化是数字化的升级，智能化油田是数字化油田的升级版。因此塔里木油田的智能化应用必然要按照"坦途"的技术架构，在物联网、数据银行、区域湖、云平台、大数据基础上进行扩展和升华智能化应用，实现驾"物"腾"云"、用"数"赋"智"。

一　智能应用总体架构

以"坦途"区域数据湖为基础，在"坦途"区域云平台的数据中台、业务中台和技术中台中相应扩充油气领域人工智能（AI）基础组件、油气行业知识图谱、油气领域专业算法模型等，在应用前台以智能协同研究、智能油气生产和智能辅助决策为重点扩展智能化应用场景（图4-2-1），实现油田科研、生产、经营全业务链的数字化转型智能化发展。

二　智能应用基础建设

1. AI 基础建设

AI 基础建设重点包括智能图像处理、人机交互、自然语言处理、机器学习、知识图谱等基本功能，具体内容如图 4-2-2 所示。

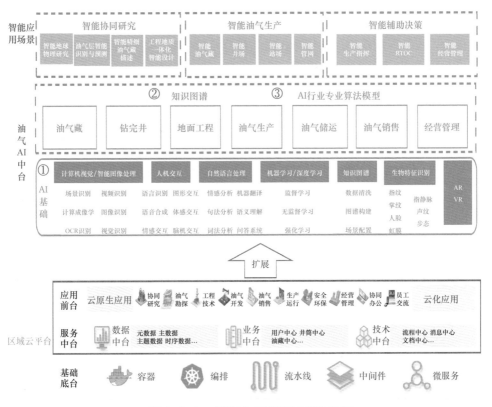

● 图 4-2-1　"坦途"智能化应用扩展框架

● 图 4-2-2　AI 基础建设内容

1）智能图像处理

智能图像处理包括场景识别、视频识别、图像识别、OCR 识别、视觉识别等。

场景识别是指检测图片中的场景与物体，返回检测出的场景、物体名称以及相应的置信度。视频识别是通过在视频中嵌入智能分析模块，对视频画面进行识别、检测、分析，滤除干扰，对视频画面中的异常情况做目标和轨迹标记。图像识别是指利用计算机系统来完成图像匹配识别，从而适配各种应用的技术。OCR 识别是指对文本资料的图像文件进行分析识别处理，获取文字及版面信息的过程。

2）人机交互

人机交互主要是研究人和计算机之间的信息交换，按照交互方式分为语音交互、情感交互、体感交互、脑机交互等。语音交互是一种高效的交互方式，是人以自然语音或机器合成语音同计算机进行交互的综合性技术，包括语音采集、语音识别、语义理解和语音合成四部分。体感交互是个体不需要借助任何复杂的控制系统，以体感技术为基础，直接通过肢体动作与周边数字设备装置和环境进行自然交互。

3）机器学习

机器学习是一类算法的总称，这些算法从大量历史数据中挖掘出其中隐含的规律并用于预测或者分类。更具体地说，机器学习可以看作是寻找一个函数，输入是样本数据，输出是期望的结果。机器学习模型可以分为监督学习、半监督学习、无监督学习、迁移学习和强化学习。

4）知识图谱

知识图谱是一种揭示实体之间关系的语义网络，可以对现实世界的事物及其相互关系进行形式化的描述。作为一种知识表示的新方法和知识管理的新思路，知识图谱在油气田智能应用中将发挥很大的价值，具体体现在以下几个方面。

（1）快速挖掘数据价值。知识图谱技术可降低专业人士使用知识的门槛，缩短知识检索和调研的时间，可快速发现并挖掘知识价值，提高决策效率。

（2）快速推送有效信息。自动推送各类相关的勘探开发数据、知识及文献资料，提高工作效率；通过知识图谱对用户的兴趣和研究方向进行画像，实现从"人找知识"到"知识找人"的转变。

（3）形成认知智能基础。知识图谱将海量结构化、非结构化数据中的知识，按照专业方向关联到一起，形成行业的"超级智能大脑"；关联后的知识图谱是行业人工智能的基石，将应用从"感知智能"提升为"认知智能"。

2. 油气行业知识图谱建设

油气行业知识图谱以油田数据银行和区域湖为基础，构建面向应用的统一知识服务能力。具体就是要构建具备数据清洗、知识映射、知识抽取等能力的统一知识中台，构建专业领域、业务过程、业务规则等多维度的油气行业知识管理体系，构建以业务对象、模型标签为架构的知识应用体系。通过统一知识服务能力，提供知识检索、知识问答、知识推荐等基本应用，从而支撑油气勘探、油气藏开发、钻完井工程、油气生产、油气运销、经营管理等方面的智能化应用。图4-2-3是面向油气行业应用的统一知识服务架构。

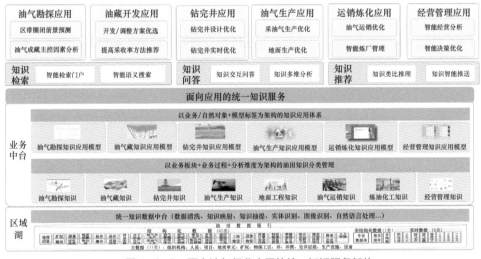

● 图4-2-3　面向油气行业应用的统一知识服务架构

1）油气勘探开发知识体系构建

勘探开发知识体系构建类似于关系数据库的数据库建模，是构建知识库的第一步。参考国内外工业界和学术界的标准以及中国石油EPDM数据模型，为每个文本型参数构建标准的知识分类体系，形成油田统一的知识分类标准。

2）多源异构数据及知识成果接入

通过数据库链接、数据服务接入等方法，实现勘探开发源数据的集成接入以及非结构化知识成果数据的接入。数据和知识可以 HDFS 或 Hive、HBase 和 MongoDB 等分布式数据库的方式存储在勘探开发共享云环境中。

3）知识成果元数据统一管理

对用户导入的文档和知识成果基于管理工具进行统一管理。如对标题、作者、来源、关键词、分类等进行统一抽取和修改维护以及批量删除知识成果。

4）油气知识自动标注

通过知识标注工具，可以将勘探开发业务的相关实体、属性和关系标记出来，直接导入知识库，为后期的知识自动抽取提供机器学习训练语料，最终实现特定领域知识半自动到自动抽取。业务人员手工标注的知识点可以直接导入到知识库，形成相关知识图谱，实现非结构化知识的结构化和统一管理。

5）油气勘探开发实体知识抽取

在知识管理体系和知识标注基础上，知识抽提工具能够智能抽取非结构化知识成果中的油气藏实体知识点加载到知识图谱中，业务专家也可在线进行修改，并把最终的抽取结果导入知识库。

6）勘探开发数据及知识智能交互问答

基于数据和知识融合后的知识图谱库，系统能够对用户的提问，基于语义理解实现自动交互问答，并能根据问答结果智能推送相关知识信息。系统基于语义理解、智能推送相关问题答案的同时，也能推送与问答关系密切的其他知识信息，如知识卡片、相关地质图件、核心参数表等。

7）基于知识图谱的勘探开发数据及知识智能分析

根据知识库中的油气田、油气藏生产动态数据，自动进行开发动态数据分析及可视化展示，包括从各类多源异构数据中进行实体对齐及属性对齐之后的数据展示。

3. 油气行业 AI 算法模型建设

面向石油天然气产业链的各环节，针对勘探与地质、钻完井、油气生产、油气集输、销售的业务痛点和典型业务场景，建立油气行业专业算法模型库，包括自动解释与处理、设备故障诊断和预测性维护、生产优化、现场作业无人化以及安全合规性检查等数十种算法。图 4-2-4 是油气专业算法模型分类。

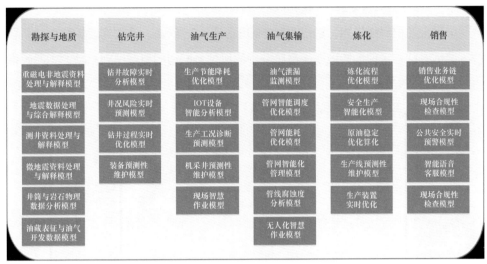

● 图 4-2-4　专业算法模型分类

在 AI 中台中集成众多算子库和大数据、人工智能分析算法库，业务用户可以针对特定业务场景，基于人工智能引擎提供的智能分析工具箱，通过简单拖拽相关算子或算法模块自定义流程进行配置编排，便可以自主开展机器学习和数据挖掘分析，不需要编写机器学习代码，就能辅助业务用户快捷开展各类油气数据智能分析和预测。

三　智能应用场景建设

1. 智能协同研究

1）智能地球物理研究

塔里木油田的地质构造存在多孔、裂缝发育、多相、储层非均质等特征，传统的均匀、线弹性假设的近似理论已经难以适应。以数据驱动为基础，以特征提取为途径，利用人工智能技术，针对非线性、非均质性、弱差异、薄互层等特殊储层，研究 AI+ 地震数据成像处理和地震解释技术，实现构造、沉积、岩性、储层和流体逐步定量预测技术解决方案。

（1）地震解释层位与断层智能识别与表征。

采用全卷积网络技术，通过深度学习识别层位、断层，建立构造模型，对断层进行量化表征，实现地震地质综合研究中的层位与断层的智能识别。基本实现逻辑如图 4-2-5 所示。

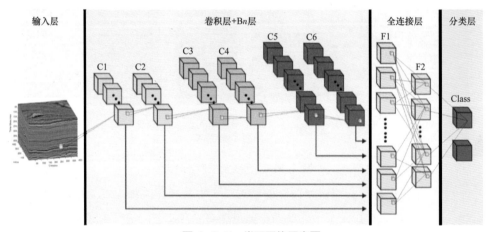

● 图 4-2-5　卷积网络示意图

（2）地震反演储层深度学习与智能预测。

利用卷积神经网络技术，从叠后、叠前地震中进行特征提取与特征学习，实现储层预测，充分挖掘测井、叠前叠后地震等数据潜能，提高储层地震预测的分辨率、精度和效率。

（3）地震沉积学智能研究及储层评价。

利用动态时间规整算法智能对比技术、卷积神经网络层序地层智能识别技术、基于协同训练算法潮汐水道智能识别技术和基于 GDOH 算法的碳酸盐岩储层岩石类型智能分类技术，实现地震沉积学智能研究及储层评价。

2）油气层智能识别与预测

随着油田高含水、低渗透层、低阻层、干层、非常规储层越来越多，油气层识别难度日益增加。传统测井解释流程复杂、耗时耗力、人为经验影响大，而且解释模型难以快速复用其他新井或邻近区域，不利于专家知识和经验成果的高效传承。

利用大数据、人工智能等新技术，可以实现测井解释分析从传统的物理模型驱动到以机器学习为核心的数据模型驱动的自然转变，从而实现智能油气层识别。在实际生产中，可以让机器替代专家，快速准确完成大批量的智能地层对比、智能岩性识别与储层预测等任务。

（1）智能地层对比。

通过机器学习方法，进行地层分层建模、分析，实现智能地层对比，支持新钻井的自动分层和老井分层的自动纠偏。图 4-2-6 为智能地层对比实现示意图。

● 图 4-2-6　智能地层对比实现示意图

（2）智能岩性识别与储层预测。

基于测井数据、岩性和储层数据等，利用大数据和机器学习技术，开展特征分析和建模测试，实现稳定可靠的岩性分析和储层识别预测（图 4-2-7）。

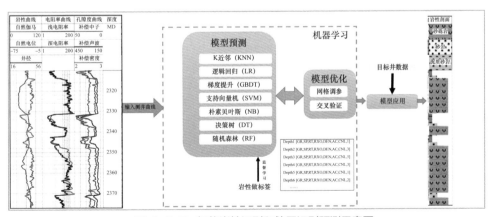

● 图 4-2-7　智能岩性识别和储层识别预测示意图

3）智能精细油气藏描述

基于区域数据湖环境，实现各类地震、地质、钻录测试、分析化验、油气生产、井下作业等数据的智能检索、自动推送等，构建油藏地质精细描述研究知识库，实现油气藏圈闭、油藏、储层、盖层、流体、生产等各类特征统一关联和智能管理，以知识图谱、机器学习、深度学习、AR/VR 人机交互、业务流 / 数据流引擎等技术为主，构建人工智能技术中台，融合现有的一体化协同研究环境，构建精细油藏描述智能协同研究环境，打造智能地震精细解释、智能油气层识别、油气藏地质智能分析、智能油藏类比分析、智能交互分析、油气藏模型自动更新、目标自动优选、自动方案模拟等能力，实现油气藏基于统一模型驱动的多目标甜点区带优化识别和优选工作。图 4-2-8 是智能精细油气藏描述技术框架。

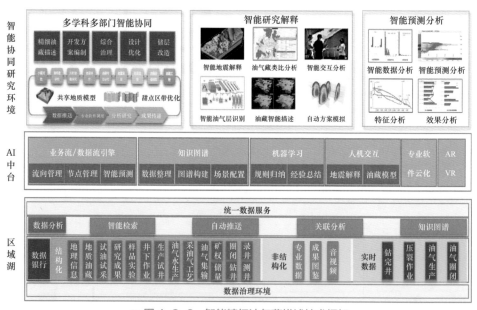

● 图 4-2-8　智能精细油气藏描述技术框架

4）工程地质一体化智能设计

利用区域数据湖环境，通过油气藏、钻完井、压裂、井下作业等数据统一提取、数据挖掘、多维分析及关联分析，构建地质工程一体化知识库和 AI 中台。融合现有的地质工程一体化协同研究环境，构建形成地质工程一体化智能协同设计场景。结合物理模型与数据模型双驱动，利用机器学习、专家监督干预、多目标优化等方法，实现工程地质一体化智能设计及参数自动优化、方案智能优选与推荐。图 4-2-9 为工程地质一体化智能设计技术框架。

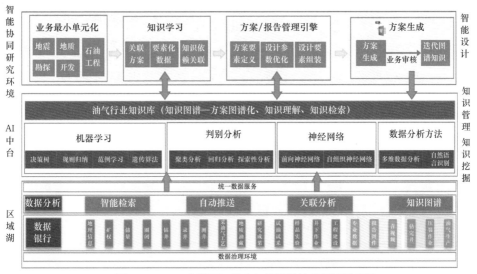

● 图 4-2-9　工程地质一体化智能设计技术框架示意图

2. 智能油气生产

1）智能油气藏管理

在油气藏业务领域，集成相关工具组件和数据、知识库资源，优选适合的应用场景，融合行业专家经验，开展智能油气层识别、油藏生产优化、方案优化设计等应用，实现新技术与油藏管理的有机融合（图 4-2-10）。

（1）以智能开发方案优化为例。

开发方案优化相关的业务应用包括开发方案设计、调整方案设计、智能方案优化等。基于油田区域数据湖，通过开发方案相关的业务对象及油气勘探开发专业数据收集和智能分析，搭建开发方案优化设计相关的数据中台，实现油藏数据服务、井数据服务、采油工程数据服务、经济评价数据服务、知识数据的统一共享及服务发布。基于大数据分析、机器学习等技术，构建产量预测、配产优化、措施优选、方案优化等相关智能预测分析模型，在此基础上，辅助决策沙盘分析和全局优化，打造形成开发方案优化设计模型相关的业务中台，助推油气藏管理智能化转型。图 4-2-11 为智能开发方案优化的应用框架。

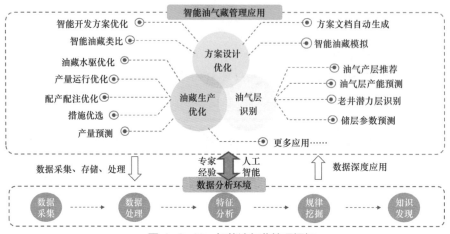

● 图 4-2-10　智能油气藏管理框架

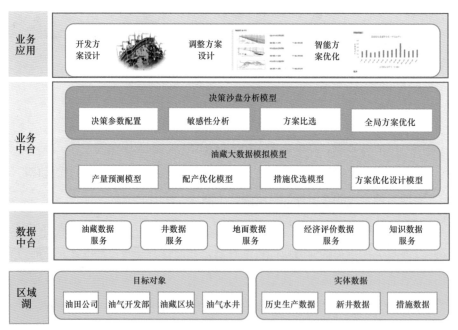

● 图 4-2-11　智能开发方案优化的应用框架

（2）以智能油藏水驱优化为例。

基于塔里木油田区域数据湖，通过相应的专业软件成果数据、油田生产动态数据、油藏研究成果、措施效果数据的统一集成分析和共享应用，搭建油藏知识库；在数据中台上搭建形成油藏水驱优化相关的各类服务，包括油藏数据服务、井基础信息服务、单井分层数据服务、生产数据服务等；基于机器学习、深度学习、秩相关性分析等相关方法，搭建形成智能注水劈分模型、智能产量劈分模型、注采连通识别模型、注水受效分析模型、配注优化模型等业务模型，打造油藏水驱优化相关的业务服务。在业务应用上，构建吸水剖面智能预测、分层产量智能预测、注采连通智能识别、注水受效智能分析、油藏配注智能优化等应用的联动分析，实现油藏水驱优化，改善油藏水驱效果，提升油藏采收率。图 4-2-12 为油藏水驱优化应用框架。

● 图 4-2-12　油藏水驱优化技术框架

2）油气井智能调控持续优化

以油气生产物联网为基础，集成工业视频及油水井数据采集平台，融合大数据、人工智能、自控技术及历史数据、知识库与专家经验等，打造智能井场生态应用，实现智能生产监控、智能生产预警与视频联动、智能工况诊断与智能措施推送、智能产量预测等；通过智能调参、智能间抽、智能调平衡、智能洗井、智能加药、智能调配、智能分注等精准操控，实现实时生产优化和整体效能提升，形成精准高效生产与绿色安全受控的智能井场运营模式。图 4-2-13 是油气井智能调控应用框架。

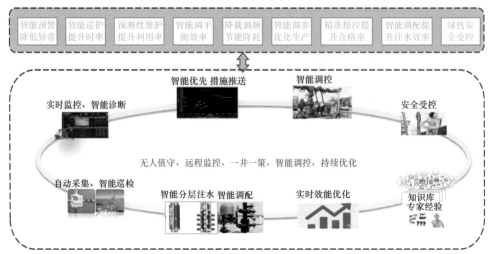

● 图 4-2-13　油气井智能调控应用框架

3）油气生产站场智能生产管控

基于区域数据湖和 AI 中台，建立站场智能运行及管控模式，实现生产平稳运行、隐患早期预警、生产过程可控、问题快速处置、强化安保措施；创新站场安全风险预警和管控管理模式，提升油田生产本质安全管控能力、提高站场生产智能化水平（图 4-2-14）。

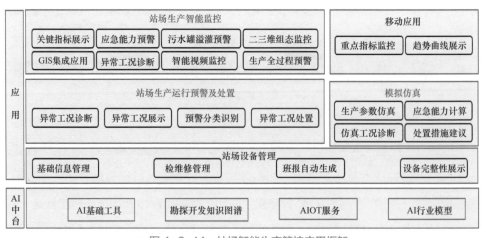

● 图 4-2-14　站场智能生产管控应用框架

4）油气管道智能泄漏监测

在油气生产现场等边缘层部署管道腐蚀监测、管道泄漏监测等系统，实现管道腐蚀速度及泄漏特征的实时监测分析。基于人工智能算法包、AI 基础工具、知识图谱，通过数据标注、有监督 / 无监督机器学习、模型训练等，构建波形特征提取、泄漏趋势分析等智能分析模型，形成 AI 能力中台。基于 AI 中台，在应用层实现高识别率的分布式光纤油气管道预警能力与智能球形机器人的管道微泄漏检测，分布式光纤预警系统通过复杂的声学分析处理方法对光纤沿线声学数据进行实时分析，智能识别并分类声波信号，根据丰富的 AI 模型库进行过滤，实现触发警报（图 4-2-15）。

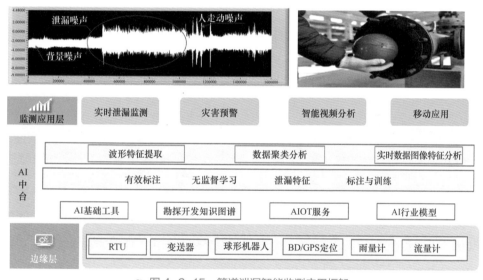

● 图 4-2-15　管道泄漏智能监测应用框架

5）油气生产单元智能化运行与管理

以油气生产物联网为基础，借助工作流引擎、大数据分析、智能终端、人工智能等技术，构建油气生产运行与管理智能化应用场景。通过智能工作流将业务工作再融合到流程中，实现油气生产运行、采油气工艺、地面集输处理、现场合规操作、安全管控的智能化应用与全过程闭环管理，提升油气生产单元的生产效率，实现安全风险全面受控。油气生产智能化运行管理总体应用框架如图 4-2-16 所示。

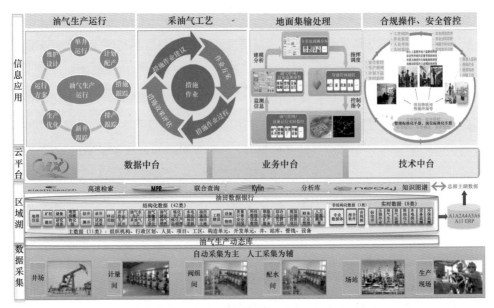

● 图 4-2-16　油气生产智能化运行管理总体应用框架

3.智能经营管理

1）事务工作自动化（RPA+AI）

利用流程自动化机器人（RPA）从事企业内部一般事务性的工作，执行预先制定的行动方案，结合规则引擎、光学字符识别、语音识别、机器学习及人工智能技术，实现机器替代人工，提高工作效率，降低工作成本。具体可实现财务工作自动化、人力资源工作自动化、物资管理工作自动化、销售工作指标预警等功能。应用框架如图 4-2-17 所示。

2）经营分析预测

利用成熟的大数据、商务智能等信息化技术，集成生产、储运、销售、客户、市场、价格等关联数据，建立预测分析模型，为辅助决策提供定量性的决策依据及建设性方案，实现数据实时分析、事前方案预测及分析、事后评价及分析，提高经营形势分析研判的准确性及经营决策的科学性。应用框架如图 4-2-18 所示。

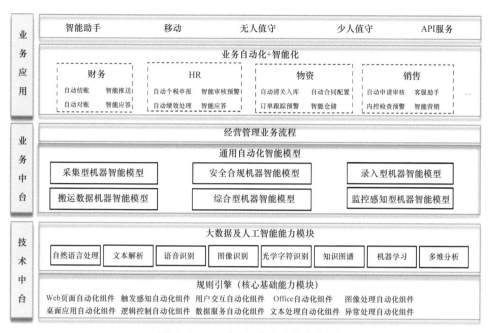

● 图 4-2-17　事务工作自动化方案框架

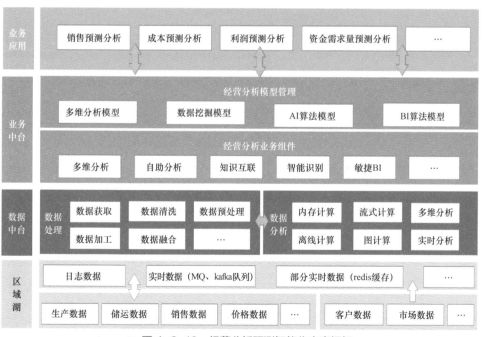

● 图 4-2-18　经营分析预测智能化方案框架

3）经营风险防控

建立经营管理风险防控模型，利用大数据、知识图谱、机器学习、自动化机器人等技术，对经营管理过程中的风险进行实时监测、自动识别、智能防控、预测预警，规避企业管理问题，降低运营风险。应用框架如图 4-2-19 所示。

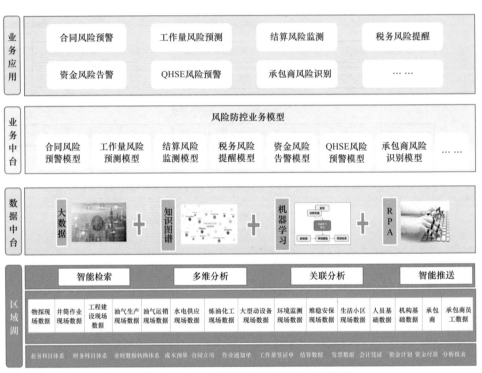

● 图 4-2-19　经营风险防控智能化方案框架

4）经济效益评价

基于区域数据湖的生产经营数据，利用大数据分析相关技术，搭建单井全口径成本业务库，建立全油田效益分析评价模型，实现不同油价下单井、区块、油田的效益动态分析与测算，辅助生产单位优选高效井和措施实施井，为油气井成本控制、生产经营决策提供依据，减少低效、无效井（区块）和无效措施投入，实现精益成本管控目标。应用框架如图 4-2-20 所示。

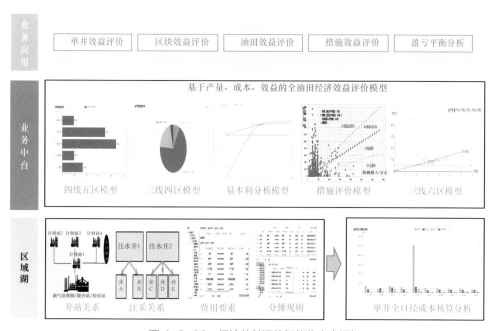

● 图 4-2-20 经济效益评价智能化方案框架

参 考 文 献

中国石油塔里木油田公司，2019.塔里木石油发展简史［M］.北京：石油工业出版社.

中国标准出版社,2019.网络安全等级保护标准汇编［M］.北京：中国标准出版社.